U0308740

2020年度内蒙古财经大学学术文库

本书基金支持：内蒙古自治区自然科学基金项目（项目编号：2018MS03013）
国家自然科学基金项目（项目编号：31160167）

西北干旱区种质资源评价和管理

郝蕾 著

图书在版编目（CIP）数据

西北干旱区种质资源评价和管理 / 郝蕾著 . -- 北京 : 中国商务出版社 , 2021.1

2020 年度内蒙古财经大学学术文库

ISBN 978-7-5103-3712-3

Ⅰ . ①西… Ⅱ . ①郝… Ⅲ . ①干旱区—种质资源—评价—西北地区②干旱区—种质资源—管理—西北地区 Ⅳ . ① S32

中国版本图书馆 CIP 数据核字 (2021) 第 015539 号

2020 年度内蒙古财经大学学术文库

西北干旱区种质资源评价和管理

XIBEI GANHAN QU ZHONGZHI ZIYUAN PINGJIA HE GUANLI

郝　蕾　著

出　　版：中国商务出版社

地　　址：北京市东城区安外东后巷 28 号　　**邮　　编**：100710

责任部门：商务事业部（010-64255862　cctpswb@163.com ）

责任编辑：刘文捷

直销客服：010-64255862

传　　真：010-64255862

总 发 行：中国商务出版社发行部（010-64208388　64515150 ）

网购零售：中国商务出版社淘宝店（010-64286917）

网　　址：http://www.cctpress.com

网　　店：https://shop162373850.taobao.com

邮　　箱：cctp@cctpress.com

排　　版：德州华朔广告有限公司

印　　刷：北京建宏印刷有限公司

开　　本：787 毫米 × 1092 毫米　1/16

印　　张：8.75　　**字　　数**：152 千字

版　　次：2021 年 4 月第 1 版　　**印　　次**：2021 年 4 月第 1 次印刷

书　　号：ISBN 978-7-5103-3712-3

定　　价：48.00 元

凡所购本版图书如有印装质量问题，请与本社总编室联系（电话：010-64212247）

丛书编委会

序

为深入推进内蒙古财经大学科研高质量发展，内蒙古财经大学科研处牵头，依托内蒙古财经大学学科优势、人才优势与良好的科研基础，组织专家教授编写了《2020年度内蒙古财经大学学术文库》，以展示内蒙古财经大学优秀科研成果，同时也为自治区经济高质量发展提供智力支持。

内蒙古财经大学从2020年度学术研究中的重大课题、重点课题之中，选取16种研究成果，结集成《2020年度内蒙古财经大学学术文库》，形成5大类，16分册，内容涉及异构数据的深度计算模型研究，高管变更、团队重构与企业绩效，土地流转与利益表达，中蒙经济走廊蒙汉兼通财经人才培养体系与模式研究，社会资本对农村地区金融信贷影响研究，黑土区土壤侵蚀对作物—水分响应关系研究，少数民族特色产品小微企业的发展模式与升级路径，西北干旱区种质资源评价和管理，技术资本与公司治理的关系，企业竞合，大数据背景下心理因素的统计识别与测度研究，基于^{137}Cs示踪法的东北黑土区土壤侵蚀定量研究，中国农村养老保障供需失衡与制度改进研究，供需匹配视角下内蒙古牧区畜牧业保险研究，肉羊产业链系统研究，神经网络标题生成的偏差消除问题研究等诸多课题。

丛书内容新颖，立意明确，研究领域广泛，分别从计算模型、发展模式、路径升级、供需匹配、制度保障、大数据应用等方面进行了深入的理论与实证分析。本系列丛书立足内蒙古财经大学优势学科，充分发挥优势学科的专业性与前瞻性，但仍有待于进行更深层次的研究，并希望更多的专家学者投入到更宽博、更广泛的研究领域进行探索，为我国的经济建设、内蒙古自治区经济高质量发展以及内蒙古财经大学科研工作新的飞跃做出更大贡献。

丛书编委会

2020年10月

前 言

土地荒漠化是全球性的重大环境问题之一，土地荒漠化不仅摧毁了人类生存的生态环境，而且对生物多样性、人类社会经济发展等构成威胁。目前，中国是世界上沙漠和荒漠化土地面积最多的国家之一，2015年第五次全国沙漠化和沙化土地监测结果显示，全国荒漠化土地面积约为261.16万公顷，占全国土地面积的27.20%，分布范围涉及全国18个省（自治区、直辖市）的471个县（旗、市），其中西北及内蒙古最为严重，占全国荒漠化面积的71.1%。中国森林和景观的退化、水土流失，特别是森林砍伐是中国土地荒漠化面临的严峻问题，要恢复和改善生态环境，治理土地荒漠化，植被恢复与建设是关键问题。因此，在西北干旱区植被建设中选择耐干旱，抗逆性强，耗水少，防风固沙，具有较大的生物量和覆盖度的特有植物种，对种质资源进行评价和管理，有助于保护种质资源多样性和充分发挥生态作用，对构筑我国北方生态屏障，建设祖国北疆亮丽风景线具有重要意义。

本书主要以西北干旱区代表性沙生植物沙柳（*Salix psammophila*）为例进行研究。沙柳是集中分布在中国西北地区内蒙古鄂尔多斯毛乌素沙地和库布齐沙漠的主要沙生灌木。沙柳具有耐旱、耐寒、耐高温、抗风蚀、易繁殖和速生等特性，是当地防风固沙和植被恢复造林的优良树种，也是生物燃料、木型材和制备活性炭的新原料，具有重要的生产应用价值。本书共分为九章内容，分别对国家沙柳种质资源库内17个群体，共646个无性系的9个数量性状和7个质量性状进行表型性状统计，分析群体间和群体内的表型多样性及变异，同时从中选取17个群体的528个无性系采用SSR分子标记，进行遗传多样性及群体遗传结构分析，探讨沙柳群体遗传结构在表型与分子水平的遗传差异；其次寻找分子标记与表型性状相关SSR位点，为相关性状改良及功能基因定位提供有价值的信息；最后构建沙柳指纹图谱和种质核心库，为沙柳无性系鉴定提供理论依据，有利于科学有效地保存、评价和管理利用沙柳种质资源。

本书主要内容是沙柳种质资源评价和和管理的相关领域的研究，有很多问题尚在探索中。对其进行进一步的研究，会对沙柳种质资源的保护和开发利用起到重要意义。希望本书的出版，能够引起相关学者对该领域更多的关注及支持，并希望对从事种质资源评价和管理方面研究的学者有所裨益。

特别感谢内蒙古农业大学林学院张国盛教授，为本书的顺利出版提供了大量的帮助。本书撰写中参考和引用了国内外有关书籍和文献，特此感谢。本书的出版承蒙内蒙古财经大学和中国商务出版社大力支持，编辑人员为此付出了辛勤的劳动，在此表示诚挚的感谢。

由于本人知识水平有限，书中存在的不足之处，敬请读者批评指正。

郝　蕾

2020年9月

目　录

第一章 绪论

第一节　研究背景

随着人口的不断增加，人类对自然生态系统的破坏也在随之增加，能源枯竭，环境污染、土地退化、植被破坏，水资源短缺等问题也随之日益严重，再加上气候的恶化，人类生存环境面临极大的威胁。土地荒漠化是全球性的重大环境问题之一，土地荒漠化不仅摧毁了人类生存的生态环境，而且对生物多样性、人类社会经济发展等构成威胁。

目前，中国是世界上沙漠和荒漠化土地面积最多的国家之一，2015年第五次全国沙漠化和沙化土地监测结果显示，全国荒漠化土地面积约为261.16万公顷，占全国土地面积的27.20%，分布范围涉及全国18个省（自治区、直辖市）的471个县（旗、市），其中西北及内蒙古最为严重，占全国荒漠化面积的71.1%。同时，2014年沙区的植被平均盖度为18.33%，与第四次监测（2009年）相比增加了0.7%，包括呼伦贝尔沙地、浑善达克沙地、科尔沁沙地、毛乌素沙地和库布其沙漠等在内的东部沙区植被盖度增加了8.3%，固碳能力也相应提高了8.5%。但是中国森林和景观的退化、水土流失，特别是森林砍伐是中国土地荒漠化面临的严峻问题，要恢复和改善生态环境，治理土地荒漠化，植被恢复与建设是关键问题。土地荒漠化的自然基础是干旱缺水，保护和恢复天然植被，充分利用天然降水，选择在干旱条件下生长的树种、灌木和草种，建设能够充分覆盖土地和防风固沙的植被，是防治荒漠化工作的首要任务[1-3]。同时水分收支平衡也是植被建设中的关键问题，要坚持“以水定林，以水定规模”的原则，充分考虑植被的搭配不仅能够充分利用水资源又能保持生态作用的稳定性[4]。因此，在干旱、半干旱区植被建设中选择耐干旱，抗逆性强，耗水少，防风固沙，同时具有较大的生物量和覆盖度的植物种，能够在干旱的环境下持续健康生长，有效发挥生态作用，改善生态环境[5]。

沙柳（*Salix psammophila*），别名北沙柳，是一种沙漠灌木，分布于中国山西北部及宁夏东部，产于鄂尔多斯市（毛乌素沙地、库布齐沙漠）及巴彦淖尔市（临河县、磴口县），在阿拉善盟也有引栽。沙柳生于流动、半固定沙丘间低地，常与乌柳（*Salix cheilophila*）组成柳湾林。同时，沙柳具有耐旱、耐寒、耐高温、耐沙埋、抗风蚀等极强的非生物胁迫的特点，因此是当地防止风蚀，控制沙漠化和植被恢复的造林树种，在当地生态系统中起着重要的作用[6]。近几年，随着煤炭、石油和天然气等不可再生资源的逐渐枯竭和环境恶化，有效利用植物作为可再生生物质资源和减少水土流失成为一个重要问题。沙柳易繁殖、速生等特点，也使之成为具有前途的生物质资源，也是强化复合板，制备活性炭等的原料，具有重要的生产应用价值。沙柳种质资源表型变异丰富，尚且缺少种质鉴定的有效方法，因此进行沙柳种质资源评价、鉴定及构建核心库，对沙柳的保存及定向开发和育种具有重要意义。

第二节　研究目的和意义

表型多样性是遗传与环境多样性的综合体现，在相同环境下研究不同地区（种源）表型多样性，能够清楚地了解群体间与群体内的遗传变异和遗传分化程度，同时表型多样性研究也是遗传多样性研究的一个组成部分，表型多样性研究是一种最传统、最方便的遗传分析方法[7, 8]。沙柳表型性状非常丰富，不同个体之间差异明显，在调查中发现叶片的大小，植株的高矮（能源植物的生物量），分枝大小，枝条的颜色以及柱头颜色等均有不同。叶片是植物吸收光能的窗户，在植物利用光能、同化积累物质中发挥重要的作用[9]；分枝的模式则是决定植物形态的主要因素，也是作为生产原料的重要性状之一[10]，植物分枝受到外界环境、植物激素和遗传因子的影响，三个方面协同调控植物分枝的性状[11, 12]。但目前，尚未有大量完整的沙柳表型性状的调查与研究。因此，对表型多样性进行系统分析，可为沙柳种质资源保存、遗传改良和生产提供理论依据。

由于大多数表型性状易受环境影响，界定标准难以统一，主观性强，极大影响了种质资源的评价与利用。随着分子生物学的发展，RFLP、PAPD、AFLP、SSR等分子标记技术广泛应用在植物基因组的分析中，由于简单重复序列（SSR）具有多态性高，重复性好，共显性遗传，且均匀地分布在植物基因组的编码区和非编码区中，是个体之间遗传关系、基因定位、分子标记辅助选择、构建指纹图谱和核心库等研究的理想手段[13, 14]；目前SSR虽然已经广泛应用在植物遗传多样性[15-17]、指纹图谱构建[18-20]、种质核心库构建[21-23]与表型关联的相关研究中[24-27]，但有关沙柳种质资源分子水平的研究比较少。因此，利用SSR分子标记对国家沙柳种质资源进行系统评价、鉴定和构建核心库具有重要的意义。

本书对沙柳种质资源库内17个群体的646个无性系的9个数量性状和7个质量性状进行表型性状统计分析，分析群体间和群体内的表型多样性及变异，同时从中选取17个群体的528个无性系采用SSR分子标记，进行遗传多样性及群体遗传结构分析，探讨沙柳群体遗传结构在表型与分子水平的遗传差异，试图通过连锁不平衡（linkage disequilibrium，LD）寻找与表型性状的相关SSR位点，为相关性状改良及功能基因定位提供有价值的信息；其次构建沙柳指纹图谱，为沙柳无性系鉴定提供理论依据；最后构建沙柳种质核心库，对种质资源保存和种质资源库的管理具有重要的意义。

第三节　研究内容

本书选取国家沙柳种质资源库内17个群体为试验材料，主要进行如下研究：

（1）沙柳种质资源表型性状多样性分析

对沙柳种质资源库内17个群体的646个无性系的9个数量性状和7个质量性状进行表型性状单因素方差分析、巢式方差分析和群落多样性指数分析等方法，探讨沙柳群体间和群体内的表型分化程度，表型多样性和地理变异，为沙柳种质资源管理和生产提供理论依据。

（2）沙柳种质资源遗传多样性和群体遗传结构分析

表型性状中按照每个群体30 ~ 32个无性系样本，随机选取17个群体的528个无性系为实验材料，选取22对具有多态性EST-SSR为沙柳引物，采用毛细管电泳对PCR产物进行检测，分析沙柳遗传多样性、分化程度及群体遗传结构，为沙柳种质资源库遗传管理、无性系鉴定、遗传改良和指纹图谱构建提供理论依据。

（3）沙柳指纹图谱的构建

采用TP-M13-SSR毛细管电泳技术，运用特征谱带法和引物组合法，遵循“以最少引物，鉴别最多无性系”为原则，对267份沙柳材料进行指纹图谱的构建，为沙柳种质资源库沙柳无性系鉴定和管理提供理想的遗传工具，也为育种中知识产权的保护提供可靠的理论依据。

（4）沙柳表型性状与SSR分子标记关联分析

对17个群体的528个无性系与9个数量性状进行关联分析，通过连锁不平衡构建一般线性模型（GLM）和混合线性模型（MLM），寻找与表型性状相关的SSR位点，为相关性状改良及功能基因定位提供有价值的信息。

（5）沙柳种质核心库的建立

利用SSR分子标记对国家沙柳种质资源库内收集的17个群体的528个无性系，采用改进的最小距离逐步取样法[180]，构建沙柳核心库，并对核心库进行遗传多样性和表型多样性评价。

第四节　研究技术路线

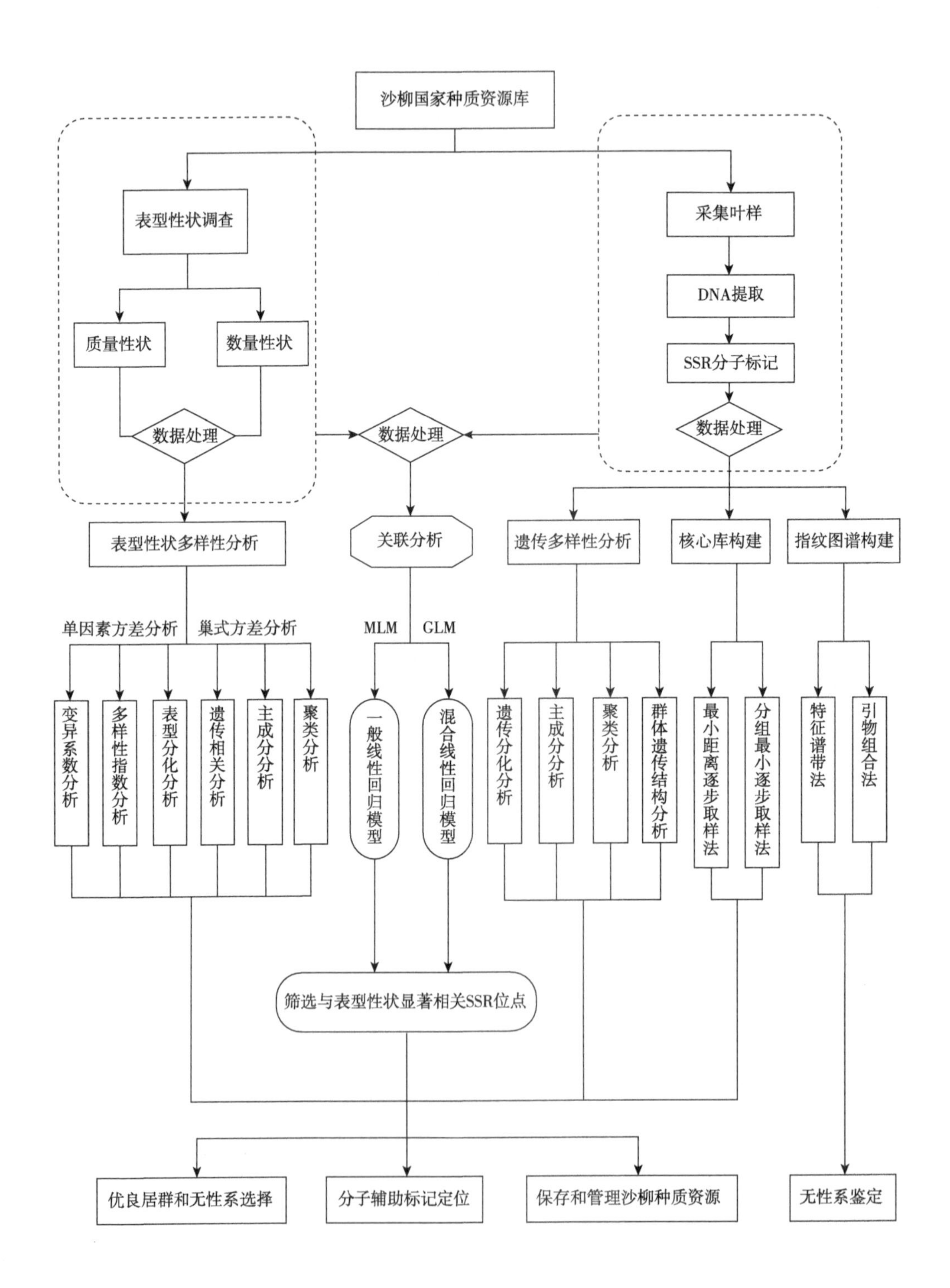

沙柳国家种质资源库
表型性状调查
质量性状
数量性状
数据处理
采集叶样
DNA提取
SSR分子标记
数据处理
数据处理
表型性状多样性分析
关联分析
遗传多样性分析
核心库构建
指纹图谱构建
单因素方差分析
巢式方差分析
MLM
GLM
变异系数分析
多样性指数分析
表型分化分析
遗传相关分析
主成分分析
聚类分析
一般线性回归模型
混合线性回归模型
遗传分化分析
主成分分析
聚类分析
群体遗传结构分析
最小距离逐步取样法
分组最小逐步取样法
特征谱带法
引物组合法
筛选与表型性状显著相关SSR位点
优良居群和无性系选择
分子辅助标记定位
保存和管理沙柳种质资源
无性系鉴定

第二章　国内外研究进展

第一节　沙柳种质资源研究进展

一、沙柳生物学特性

沙柳属杨柳科柳属，柳属共有450余种，中国发现的就有257种[28-30]。沙柳为毛乌素沙地的优良灌木，高约为2～4 m。树皮大多为灰色，老枝颜色较多，有浅灰色、黄褐色和紫褐色；小枝叶片细而长（长达12 cm），先端渐尖，基部楔形，叶片边缘有稀疏腺齿，叶片上表面为淡绿色，下表面为苍白色，幼时微具柔毛，成熟后渐渐变光滑；叶柄长约为3～5 mm；叶托为条形，常早落，萌枝上的托叶一般较长。花先开后展叶，花序长1.5～3 cm，具有短梗，基部有小叶片，花序轴具有柔毛；苞片卵状呈矩圆形，前端为钝圆，中上部为黑色或深褐色，基部具有长柔毛；雌雄异株，雌花具有雌蕊，完全合生。花丝基部具有短柔毛，花药为黄色或紫色，类似球形；花柱明显，长约1 mm，柱头2裂。蒴果长约为5.8 mm，被柔毛。沙柳花期为4月下旬，果期为5月[31]。

二、沙柳生理生态特性研究

沙柳具有耐旱、耐高温的生态适应性。首先，沙柳根系属于主根型（主根深90 cm），侧根也相对比较发达，根系大部分生长在较浅的土层中，能够更好地获取土壤中大面积的降水，提高其抗旱能力。其次，杨小玉等[32]采用光学显微技术，测定了叶片厚度、角质层厚度、栅栏组织厚度、主脉导管壁厚度、主脉导管直径等抗旱指标，分析沙柳叶片解剖结构抗旱特征，表明沙柳的抗旱机制属于耗水型，当有较为适宜的水分可供吸收利用时才具有较高的抗旱能力。沙柳叶片水势日变化呈单峰型，相比沙生抗旱植物柠条（*Caragana korshinskii*）（双峰型），具有较低的水势，对干旱环境的适应能力更强[33-35]。水力特性决定着树木的抗旱性和植物水分的利用，沙柳水分传输效率较高，叶片借助气孔较强的调节能力从而降低叶栓塞的发生，进而维持较好的水分传输能力，表明沙柳为耗水型的沙生灌木，抗旱策略主要为避旱性用水[36]。

沙柳具有耐盐的生态适应性。叶绿体是植物在盐胁迫下最为敏感的细胞器，在盐胁迫下植物叶绿体结构遭到破坏，植物的光合能力也因此随之降低。其次，叶绿素荧光参数、矿质元素和有机渗透调节剂等均是植物抗盐的相关指标，不同类型的耐盐植物在盐环境胁迫下渗透调节的方式也有所不同[37, 38]。沙柳具有抗0.3%～0.4%盐碱的能力[39]，相比旱柳（*Salix matsudana*）、垂柳（*Salix babylonica*）等具有较好的抗性。同时，沙柳属于拒盐型耐盐植物，K^+是沙柳进行无机渗透的主要调节物质，可溶性糖在沙柳有机渗透调节中也起着重要的作用[40, 41]。杨进等[42]以沙柳幼苗分析了盐胁迫下幼苗的生理生化反应，结果显示沙柳幼苗盐胁迫下最高Na盐浓度为100～150mM NaCl，沙柳在盐胁迫下，CAT活性变化显著，比SOD和POD含量更敏感。

随着全球降水量的变化，降水量日益严峻严重影响了毛乌素沙地生态系统的分布格局和生产力，探讨沙生植物水分生理特征、光合生理和光化学效率，筛选抗旱的沙生植物与优良无性系对维持沙地生态系统水平衡有着重要的意义[43-46]。肖春旺等[47]对沙柳幼苗在不同浇水量下进行了沙柳气体交换和光化学效率研究，结果表明随着浇水量的增加，沙柳幼苗净光合速率、蒸腾速率、气孔导度和胞间二氧化碳浓度均随之增加，而沙柳幼苗的叶片温度随之降低；随着浇水量的减少，沙柳幼苗最大荧光、可变荧光、最大荧光比和最大光化学效率也随之减少。肖（Xiao）等[48]对毛乌素沙地三种优势沙生植物（杨柴*Hedysarum mongolicum*；沙柳；油蒿*Artemisia ordosica*）进行四季人工控水处理，水分的供应显著影响了三种沙生植物在季节变化中的蒸发量与蒸腾量，随着供水量的增加，蒸发量显著高于蒸腾量，结果表明：三种沙生植物中，在相同土壤深度下沙柳土壤水分贮存能力较强。刘海燕等[49]对五个种源的沙柳进行水分胁迫实验，表明沙柳属于压低水势忍耐脱水型抗旱植物，并筛选出民勤种源沙柳抗旱性最强。李维向等[50]对鄂尔多斯七个不同地区的沙柳进行调查与选育，结果表明台格庙地区沙柳的表现型最好，平均丛枝数、丛高和冠幅均最高；选育后阿门其和台格庙地区沙柳无性系繁殖苗的成活率达到90%以上，生长性状相对较好。

三、沙柳繁殖与生长环境

沙柳为多年生雌雄异株风媒传粉灌木，天然更新的主要途径是种子繁殖[51]。沙柳有性繁殖中，沙土含水量需大于2%种子才能萌发，在沙漠中可对沙柳进行薄膜遮阴措施进行实生苗培育[52]；沙柳有喜适度沙埋的生长习性，种子繁殖最适宜的覆沙厚度为1.0 ~ 4.0 mm；沙柳最适宜的种子发芽的温度是25 ℃，温度达到40℃种子发芽率明显下降，温度到达45℃种子停止发芽[51]。同时对沙柳进行合理的平茬，不仅有助于沙柳再生和复壮，而且可以防止沙柳自然衰退和枯死[53]。马天勤[54]研究报告指出，间隔平茬对沙柳生长指标（丛高、冠幅和枝条数量）具有促进作用，0 cm作为平茬高度最为适宜，此时沙柳的生物量和固碳量最大、碳汇功能最好；但是连续每年平茬会抑制沙柳的生长，平茬周期为三年一次，有助于促进沙柳的生长发育。

干沙层的沙埋和流动沙丘的风蚀对沙柳的生长均具有一定的影响，杨毅等[55]报道了沙柳最适合的造林条件是30 cm以上的平缓覆沙地和流动沙地的中下部，半固定沙地背风坡和丘间低地也比较适合沙柳生长，造林插条长度为50 ~ 70 cm最适宜[56]。

四、沙柳防风固沙功能

沙柳具有耐沙埋、抗风蚀特性，具有防风固沙的功能，在适度的沙埋环境下更有益于其生长。当沙柳枝条遭受沙埋后会发展成为不定根，从而不断地萌发生长新的不定根，不仅增加沙柳地下部分的生物量，而且不定根数量的增加也提高了沙柳吸收水分和养分的能力，使得地上部分生物量和覆盖面积相比未沙埋沙柳明显增加[57, 58]。一般只要沙埋没有覆盖整株灌木，沙柳就不但不会死亡，而且生长会更旺盛。但是随着沙埋的加剧，沙柳便会随着不定根随沙丘不断增高至沙丘顶端，最高可达到十几米，沙柳则开始生长不良，随着沙丘移动风蚀裸根，最终导致整株死亡[59]。

沙柳生命力顽强，生长迅速，大量实验表明采用沙柳做沙障比其他材料更有优势。沙柳沙障是防风治沙的重要措施，大量的研究已表明，沙柳沙障通过增加地表的覆盖率和增大沙丘下垫面的粗糙度，实现了降低风速，减弱风蚀，具有防风固沙和恢复植被的作用[60]。沙柳可扦插造林，选择沙柳2年生根茎1 ~ 1.5 cm粗的健壮枝条，截成50 ~ 55 cm作为插穗，用生根剂浸泡1 ~ 2天，在靠近沙柳沙障的边缘积沙处进行扦插造林[61]。王翔宇等[62]报道了带状沙柳沙障规格为三行一带（带高1.5 m，行距1.5 m，带距10.5 m）能够发挥最大成本效益。

五、沙柳产业化开发与应用

近几年，随着煤炭、石油和天然气等不可再生资源的逐渐枯竭和环境恶化，有效合理地利用沙柳作为制浆造纸、纤维板和木型材等的原料，挖掘沙柳可再生生物质资源成为一个热点问题，沙柳平茬后的沙柳资源通过研究可以转化为高价值的产品，提高沙柳的有效利用率，对保护环境和维持生态环境有着重要意义[63, 64]。

沙柳是制浆造纸的原料。沙柳纤维主要有中纹孔小的纤维管胞和横节纹状的韧型木纤维。沙柳纤维细胞壁腔比为0.43，长宽比为37，符合制浆要求的形态参数[65]。近些年，以沙柳为原料制浆造纸的研究也有很多，周宝[66]报道了沙柳NaOH-AQ法制浆的最佳条件，实验表明了沙柳漂白硫酸盐浆配针叶木漂白硫酸盐浆，能够很好地改善其强度性能，特别是撕裂指数。薛玉等[67]和Lin等[68]提出了沙柳P-RCAPMP制浆工艺最佳处理条件：NaOH用量为8%、H_2O_2用量为10%、处理温度为60℃、处理时间40 min，此时纸浆的颜色和物理强度最好。聂勋载等[69]报道了采用去皮沙柳的皮秆利用APSP和ASP法制浆的流程以及工艺条件，能生产满足A级的瓦楞原纸和纸箱板。

沙柳是制备纤维素产物的原料。随着石油煤炭等不可再生资源的减少，人们渐渐开始寻找可替代的新型能源，其中植物纤维作为可再生资源得到了更多学者的关注[64]。沙柳中含有丰富地纤维素和半纤维素，是制备生物质燃料乙醇的最为合理的原料[70]。

沙柳是制备液化产物的原料。木质生物质材料可以通过液化技术将其转化为含有丰富地活性基团的化工原料，并且可以很好地取代石化原料，有效的参与高分子材料的合成，使用不同的液化剂，所得到的产物结构与用途也不相同[71-73]。沙柳中含有丰富的纤维素、半纤维素，是有效的化工原材料[74, 75]。张秀芳等[76]报道了利用无水乙醇为溶剂，稀硫酸为催化剂，采用直接醇解法找出最优醇解反应，制备乙酰丙酸乙酯产率可达31.83%。高冠慧[77]研究了利用苯酚作为液化溶剂，以硫酸为催化剂进行液化，通过正交实验确定了理想的工艺条件（温度150℃、催化剂用量7%、液比4∶1、液化时间120 min），产生的残渣率达到4.08%。沙柳液化产物还可制备具有高强度、轻质、保温、隔音和阻燃等多优点的新型聚氨酯泡沫材料[78, 79]，也可利用液化产物合成纺丝液[80]。

沙柳是纤维板、刨花板和复合层积板等的优质原料[81]。沙柳外皮大部分呈灰白色，表皮光滑无裂痕，材色白黄，木材纹理通直，结构均匀是理想的原材料[82]。同时沙柳原材料价格低廉，并且沙柳枝条直径小，削片功率消耗低，纤维分离容易，成本低于其他木材人造板，因此有很好的经济效益和市场竞争力[83, 84]。目前较多的沙柳制品是重组木板和复合板，重组木大部分用于结构用材，可用作屋顶桁架的大截面桁梁、柱和室内装饰等[85, 86]。2016年在伊金霍洛旗江苏工业园区建立了沙柳绿色木型材生产基地，将沙柳木材广泛应用在节能木门窗、木结构建筑和防腐家具和室内地板等多个领域[87]。

沙柳目前应用研究的范围越来越广，例如沙柳枝条含有丰富的营养物质，沙柳木屑是栽培杏鲍菇和菌糠的优质原料[88]，沙柳可以制备活性炭纤维吸附材料等[89, 90]。

第二节　柳属植物分子遗传标记研究进展

第一代遗传标记是通过具有遗传多态性的外观性状进行的形态标记，这些外观标记的性状在遗传群体中分离明显，我们通过肉眼就能观察和识别的性状，例如叶色（绿叶与紫叶），株高（高杆与矮杆），粒型（圆粒与长粒）等，在早期遗传研究如构建经典连锁图谱和基因初步定位中发挥了重要作用。但是形态标记的数量有限，直到20世纪80年代，美国遗传学家博特斯坦等（Botstein et al.，1980）首次提出了DNA限制性片段长度多态性（RFLP）作为分子遗传标记，使遗传标记的研究进入DNA水平的时代。80年代后期，PCR（DNA多聚酶链式反应技术的诞生和发展），发展了多种基于DNA多态的分子标记，如RAPD，SSR，RFLP和SNP等，使柳树在遗传学和功能基因组学研究进入快速发展时期。DNA标记相比形态标记具有以下优点：①数量无限。②不光可以鉴别隐形亲本纯合基因型和杂合基因型，还可以鉴别显性纯合和杂合基因型。③对植物体伤害为中性，而有些形态标记对生物是致死或有害的。④遗传稳定，不受环境影响[91, 92]。下面为几种柳树常用的分子标记产生多态的原理和检测方法。

（1）RFLP（Restriction Fragment Length Polymorphism，限制性片段长度多态性）标记

DNA上具有许多限制性内切酶酶切位点，不同亲本等位基因之间碱基存在插入、缺失和重排等，当利用限制性内切酶酶切样本总DNA时，就会产生DNA片

段长度的差异，从而产生了多态性[93]。RFLP标记具有共显性标记的特点。RFLP早期柳树构建连锁图得到广泛应用。2002年，采用325个AFLP和38个RFLP标记构建了首张柳树的遗传连锁图谱，图谱包含87个样本，杂交的父本和母本分别为“Bj02rn”（*Salix viminalis* × *Salix schwerinii* ）和“78183”（*S. viminalis*），同时采用双拟测交法构建了两个亲本图谱，两个图谱覆盖了基因组的70%～80%，平均密度为1402cM[94]。但是由于RFLP标记对样本DNA需求量大，检测过程时间长和操作繁琐等缺点，目前应用也越来越少。

（2）RAPD（Random Amplified Polymorphic DNA，随机扩增多态DNA）标记

RAPD是基于PCR扩增反应，产生间断的DNA产物，来检测序列的多态性。多态性是由于亲本间模板DNA扩增区域上引物结合位点碱基序列发生突变引起产物的有无而产生[95]。引物为9～10个碱基组成的随机长度的短序列。RAPD标记引物具有通用性，能够很好地检测出RAPD标记不能检测到的重复区，同时具有需要DNA量少、对DNA质量要求不高和操作简便等优点[96]，该技术不仅广泛应用在柳属植物性状基因标记[97, 98]和性别相关位点的研究[99, 100]等方面，目前在蒿柳（*S. viminalis*）[101]、红皮柳（*Salix purpurea*）[102, 103]和黄柳（*Salix gordejevii* ）[104]等柳属植物的遗传多样性分析和遗传关系等方面也得到普遍的应用。但是这类标记为显性标记，相对得到的信息量偏少；同时标记稳定性差，易受到设备、反应条件和操作手法的干扰，造成多态性差和谱带出现迁移难分辨的现象[105]。

（3）AFLP（Amplification Fragment Length Polymorphism，扩增性片段长度多态性）标记

AFLP标记是一种选择性扩增限制性片段的方法，原理是对限制性片段进行选择性扩增，基因组DNA被限制性内切酶切割后产生分子量大小不同的随机性酶切片段，在其限制性片段两端连上特定的双链接头（artificial adapter），接头一般长14～18个碱基对，使用接头序列和相邻的限制性位点序列设计引物对限制性内切酶进行扩增，最后比较扩增产物在不同DNA片段长度的差异[106]。该标记产生标记数多，可包含整个基因组；具有DNA用量少，多态性高，可靠性高和重复性好的优点，广泛地应用在柳属植物构建遗传图谱[107, 108]、遗传多样性分析[109]以及柳属植物分类和进化[110]的研究中。但AFLP标记实验流程比较复杂，操作时间比较长，对DNA质量和反应条件都要求比较高，同时需要同位素进行标记引物，成本相对也较高。

（4）ISSR（Inter Simple Sequence Repeat，简单序列重复区间）标记

ISSR分子标记是以微卫星分子标记为依据而发展起来的新的分子标记，是依靠微卫星随机分布在真核生物基因组内。该标记是依靠人工合成16～18个核苷酸重复序列作为引物，并在引物3'端或5'端加上2～4个随机选择的核苷酸进行PCR反应扩增[111, 112]。ISSR在引物设计上较SSR分子标记简单，同时又相比RFLP和RAPD标记多态性高，获得的信息量大，现已被广泛应用在柳属植物遗传多样性分析，亲缘关系和指纹图谱构建等方面的研究[113-115]。但是ISSR为显性标记，引物不具有通用性是现有存在的缺点。波戈热莱茨（Pogorzelec ）等[116]采用ISSR标记濒临灭绝的越橘柳（*Salix myrtilloides* L.）进行遗传多样性和遗传结构分析，为越橘柳提供了有效的保护对策；苏利马（Sulima）等[103]首次尝试扩大我们对遗传参数的认识，报道了通过AFLP、RAPD和ISSR标记用来分析了13个不同天然区的91个红皮柳（*S. purpurea*）的遗传多样性及亲缘关系，为分子辅助育种提供依据。

（5）SNP（Single Nucleotide Polymorphism，单核苷酸多态性）标记

多态性是由亲本间在DNA序列上因单个核苷酸的变异所产生的，这种变异一般是由单个碱基的转换（transition）或颠换（transversion）产生的。SNP标记广泛分布在基因组中，是生物体最普通、最丰富的一种多态性标记[117]。随着测序技术的不断发展和应用，发现了更多的SNP标记，在柳属植物表型性状全基因组关联分析[118, 119]和构建高密度遗传连锁图谱[120]等相关研究发挥了重要作用。

（6）SSR（Simple Sequence Repeat，简单重复或微卫星）标记

SSR即简单重复序列，也称为微卫星或者STMS（Sequence-tagged microsatellites）。微卫星是由2或3个碱基组成基本重复单元形成重复，亲本间的重复次数不同，从而产生多态性。微卫星在真核生物中大约每10～50kb就存在一个微卫星[121]。微卫星随机分布在整个基因组中，不仅存在于内含子中，也存在于编码区和非编码区，同时具有多态性高，重复性好，共显性标记的特点，不仅是植物遗传多样性研究的理想手段，也广泛应用在群体遗传结构分析，构建指纹图谱和表型性状关联分析等相关领域[122-124]。

SSR分子标记广泛应用在柳属植物国内外研究中，郭敏[125]利用SSR分子标记对7个高寒灌丛山生柳（*Salix oritrepha*）天然种群进行了种群间及种群内的遗传多样性差异和遗传多样性分析，结果表明山生柳具有较高的遗传多样性，同时遗传距离与空间地理距离有显著相关性；佩德罗（Perdereau）[126]等利用叶绿体和核SSR分子标

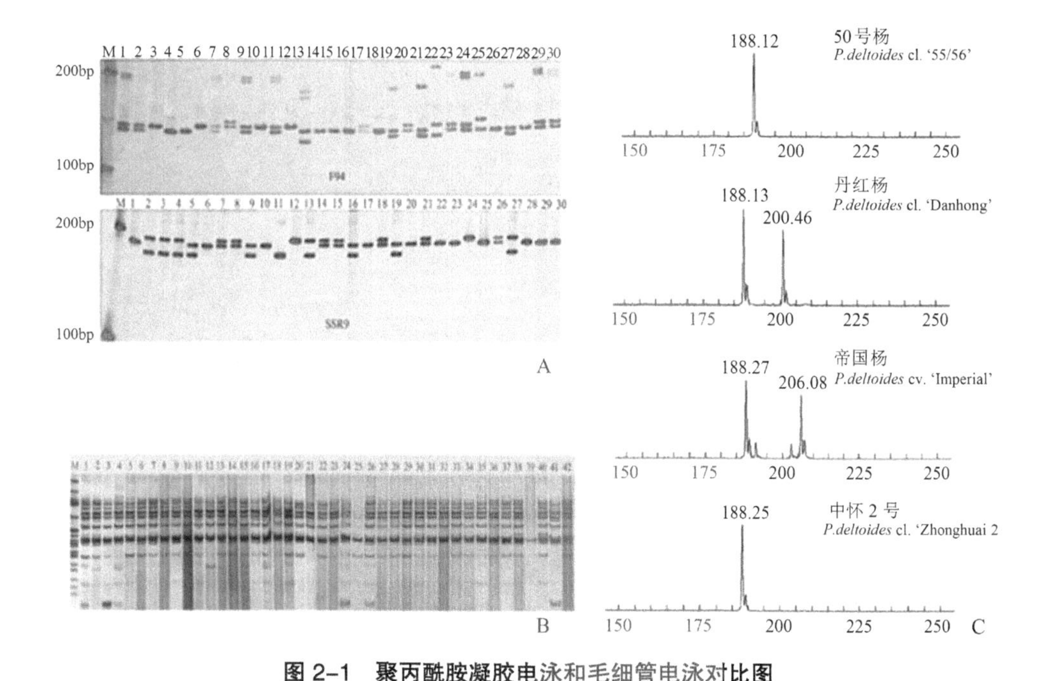

图 2–1 聚丙酰胺凝胶电泳和毛细管电泳对比图

Fig.2–1 Comparison of polyacrylamide gel electrophoresis and electropherograms

注：A为华北落叶松部分样本聚丙烯酰胺凝胶电泳扩增结果[226]；B为苜蓿种质资源的聚丙烯酰胺凝胶电泳扩增结果[124]；C为4份杨树种质毛细管电泳[133]。

记分析了黄花柳（*Salix caprea*）遗传多样性和群体遗传结构，报道了在爱尔兰生长的分布范围的黄花柳之间基因流较高，没有明显生殖隔离。李小龙[127]采用SSR分子标记聚丙酰胺凝胶电泳对沙柳9个产地进行了遗传多样性分析，发现伊金霍洛旗扎萨克镇种群遗传相似系数最大，可作为苗木选育产地。但是SSR分子标记采用聚丙酰胺凝胶电泳技术时带谱容易出现拖带，不清晰的现象，因此增加了很多人工读带上的误差。随着SSR分子标记的发展，毛细管电泳检测法逐渐开始替代聚丙酰胺凝胶电泳法，毛细管电泳检测法是基于自动荧光测序技术的SSR检测体系，具有操作简便安全（不适用EB染料）、高分辨率（可达到1bp）和峰值清晰便于多倍体共显性统计等优点[128]。图2–1中的A和B分别为聚丙酰胺凝胶电泳图，B为多倍体苜蓿的扩增结果，带型多且复杂，给人工读带带来很多不便，而图C为毛细管电泳扩增结果，分辨率高更便于读带。

舒尔克（Schuelke）[129]提出TP-M13-SSR（Simple Sequence Repeat with Tailed Primer M13）毛细管电泳自动检测法是基于自动荧光测序技术的SSR检测体系，该体系很大程度上降低了毛细管电泳检测的成本，只需要一条荧光标记的M13通用引物，再

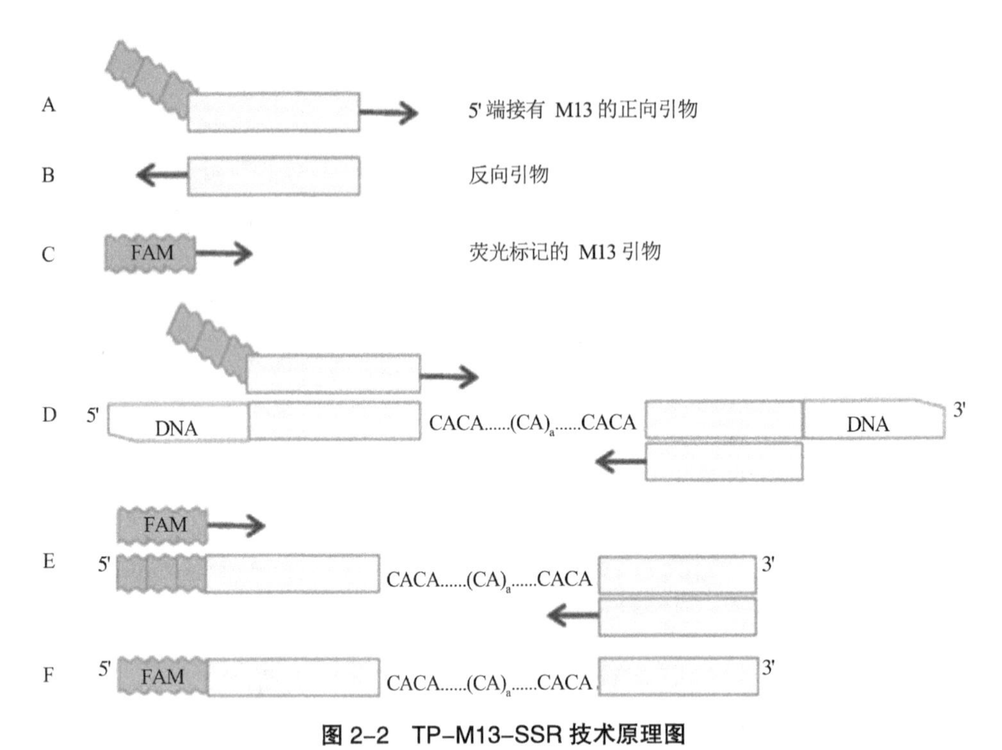

图 2-2 TP-M13-SSR 技术原理图

Fig.2-2 Principle of TP-M13-SSR technology

将所用引物上游加上M13通用引物即可。该技术原理（图2-2）是在PCR反应中采用三条引物，分别为5'端接有M13的正向引物（即TP-M13引物）(A)、反向引物（B）和荧光标记的M13引物（C)。在PCR反应中，TP-M13引物与反向引物首先参与反应，得到特异性扩增产物E；其次荧光标记的M13引物与反向引物再以E为模板进行PCR扩增，从而将荧光标记带入到了PCR的最终产物中，最后利用毛细管电泳技术对扩增片段的长度进行检测分析。

目前，SSR分子标记在国内外获得广泛应用特别是多倍体植物中。梁玉琴[130]等利用毛细管电泳技术对河南省93份六倍体柿（*Diospyros kaki*）种质资源进行了SSR分子标记遗传多样性分析，结果表明河南省柿种质资源遗传变异大，杂合程度高，具有较高水平的遗传多样性；派尔普（Palp）[15]等利用毛细管电泳SSR分子标记技术对*Limonium narbonense* Miller 进行了遗传多样性和群体遗传结构分析，发现了*L. narbonense*基因流由分布区北向南迁移的趋势；贾（Jia）等[131]也采用毛细管电泳SSR分子标记技术，结合流式细胞以及染色体核型分析首次验证了沙柳为四倍体，为本书的研究奠定了良好的基础。

第三节　柳属植物SSR指纹图谱的构建

2005年，国际植物品种权保护组织（UPOV）明确确定SSR分子标记技术为构建品种指纹数据库的标准方法[132]。SSR指纹图谱是通过SSR扩增条带在不同个体之间重复序列大小的差异来建立种质无性系自身特殊的身份标识的一种DNA分子图谱，也称分子身份证（Molecular ID）。随着SSR分子标记技术的广泛应用，毛细管电泳技术具有分辨率极高，能够准确地读取峰值大小的优点，目前也广泛应用在指纹图谱构建和种质鉴定中。贾会霞[133]等利用SSR毛细管电泳检测技术，筛选3对核心引物对杨树新品种成功构建了指纹图谱。王秀源[134]采用引物组合法，筛选出15对核心引物可将78个杞柳（*Salix intagra*）个体和19个簸箕柳（*Salix suchowensis*）个体区分开来。SSR指纹图谱按照所用引物的多少可以分为两类：特征谱带法和引物组合法。

一、特征谱带法

特征谱带法是在1984年由英国遗传学家杰弗里斯（Jefferys）等[135]首次发现，利用人类小卫星DNA核心重复串联组成的杂交探针可以呈现稳定的DNA图谱，命名为DNA指纹图谱（fingerprint），应用在包括亲子关系测试的识别问题中。特征谱带法就是将单对引物或探针在种质上扩增的特异条带作为该种质的指纹图谱。叶春秀等[134]筛选出一对SSR引物完成了10份天然柽柳（*Tamarix chinensis*）种质的指纹图谱构建。但是特征谱带法存在局限性和单一性，因此不能广泛用于大量种质或无性系研究中。

二、引物组合法

引物组合法由郭景伦[136]等在2000年首次提出，他在研究中成功构建了玉米RAPD指纹图谱。引物组合法在构建指纹图谱中，筛选核心引物是最为关键的，在之前的研究中并没有统一的标准。一般情况，我们要以等位基因多态性条带数量（polymorphic bands）、多态信息含量（polymorphism information content，PIC）、标记索引指数（mark index，MI）等作为筛选指标。引物组合法可以有效地利用每个引物在不同种质所表现的特异性，将多对引物有效组合构建指纹图谱，具有引物组合最大效力的优点。目前广泛应用在很多植物中，周天华[137]等筛选基因型丰富，多态信息含量高的7对核心引物构建了60份白及（*Bletilla striata* Rchb.）及其近缘种的SSR指纹图谱。王清明等[138]建立了利用引物“随机组合”三步法（候选引物—候选组合—核心引物组合），成功以“最少引物”为原则构建了22份观赏桃的SSR指纹图谱。但采用引物组合法构建指纹图谱在柳属植物中的应用较少。

第四节　植物关联分析研究进展

随着分子标记在植物遗传学研究中的不断发展，利用数量性状位点（quantitative trait locus，QTL）对目标基因进行定位，从而进行图位克隆成为植物遗传学研究的突破性进展[139-141]。已有研究表明，通过QTL图位克隆的技术成功阐明了一些柳属植物的基因的功能，林（Lin）等[98]将弯曲茎秆和卷缩叶子的旱柳（*Salix matsudana*）作为母本，以直茎和展叶的白柳（*Salix alba*）作为父本杂交，找到2个与卷曲等位基因连锁的位点。塞梅里科（Semeriko）[99]等报道了使用88对AFLP位点对4个蒿柳（*S. viminalis*）雌雄个体分离出4个与性别相关的位点，其中2个位点在相同的连锁群，并与决定性别有关，研究实现了早期柳树性别的鉴定。我国柳属种质资源丰富，生长量和表型性状变异较大，生物量、株高、树皮颜色和叶片形态等都是柳属植物的重要性状，有待进一步开展关联分析。关联分析（association analysis）是一种基于连锁不平衡的将候选基因或遗传标记与目标性状联系起来的方法。

分子辅助标记选择（marker-assisted selection，MAS）技术是利用表型与目标基因紧密连锁的分子标记来选择出优势的基因型，可以提高选择的准确性和定向育种的效率[142]，但目前在柳属植物中应用较少。吴静[143]等利用MAS技术关联分析成功从紫斑牡丹（*Paeonia rockii*）11对SSR分子标记中筛选出5对标记位点与6个表型性状显著关联（$P<0.01$）；娄（Lou）[144]等从90对SSR引物中成功找到41对标记与高羊茅（*Festuca arundinacea* Schreb.）农艺性状相关联（$P<0.05$）。已有研究表明，在基因组信息相对较少的植物中，可以试图通过关联分析的方法有效地找到与目标性状紧密连锁的分子标记，为功能基因的挖掘验证和分子辅助育种提供理论依据。

一、关联分析的统计学原理

关联分析的基础是连锁不平衡（linkage disequilibrium，LD），即群体内不同座位等位基因间的非随机关联[145, 146]。同一染色体或者不同染色体基因座之间均可呈现连锁不平衡[147]。

LD度量包含两位点法和三位点法，两位点法是研究中常用的方法。(1) 两位点法主要研究的是两位点之间的连锁不平衡水平，衡量参数有r^2和D'；通常两个参数取值范围在0 ~ 1之间，值越大，表明两基因座间的连锁不平衡性越强。当参数r^2和D'为0时，表明两基因座间处于遗传平衡状态；当参数r^2和D'为1时，说明两基因座间处于完全连锁状态。D'更多地反映重组率的影响，而r^2不仅考虑重组率的影响，也考虑了突变率的影响，因此更能反映两基因座间的连锁不平衡关系。相关显著性多采用卡方检验和费舍尔精确检验，当$P<0.05$则两基因座间显著相关，存在一定的相关关系。(2) 多位点法主要研究对象是多个位点间连锁不平衡程度的大小，具体分为"bottom-up"和"top-down"两种方法。"bottom-up"方法以单个位点为基础比较所有位点的连锁不平衡水平；"top-down"方法则是将高阶分解成低阶逐步衡量连锁不平衡的水平。

二、关联分析的特点

与QTL相比，关联分析是以自然群体为研究材料，不需要构建作图群体[148, 149]；其次作图定位更准确，关联分析利用了自然群体在长期进化中积累的重组信息，具有较高的解释率，能够完成数量性状基因座的精细定位；最后，关联分析利用的是自然群体在长期进化可以同时检测同一座位的多个等位基因[150]。索恩斯伯里（Thornsberry）等[151]首次将关联分析应用在植物数量性状研究后，由于其关联分析存在耗时短和易操作等优点[152, 153]，广泛应用在小麦（*Triticum astivum*）[154-156]、水稻（*Oryza sativa*）[157, 158]和玉米（*Zea mays*）[159-161]等作物及杨树（*Populus*）[162, 163]、桉树（*Eucalyptus grandis*）[164, 165]和火炬树（*Pinus taeda*）[166, 167]等重要林木中，但在柳属植物中的报道较少。

三、关联分析的方法

(1) 选择收集的试验材料尽可能多地反应该物种的遗传变异，选择试验材料变异越丰富，所涵盖的该物种历史上发生的重组事件也就越多，关联分析分辨率也会越高，更利于对目的性状进行精细定位。

（2）对目的性状的表型进行测定，测定表型中尽可能包含多个重复，表型性状易受到环境的影响，测定中尽量减少人为误差。

（3）群体结构和亲缘关系分析。群体结构和亲缘关系是关联分析中重要的因素。群体结构会增加染色体间所产生的连锁不平衡水平，出现目的性状与部分无关的位点间的关联（即伪关联），造成作图错误。因此，要利用一定数量的独立遗传标记（如SSR、AFLP等）来对群体遗传结构进行检测和校对。常使用STRUCTURE进行群体遗传结构分析，并计算出每个材料对应的Q值对群体遗传结构进行检测和校对。同时，计算群体内亲缘关系也可以避免关联和假阳性的出现。

（4）对基因型进行测定。目前常用的分析标记主要有RFLP、AFLP、SSR和SNP等，RFLP、AFLP和SSR分子标记主要利用PCR技术，操作简单方便；而SNP主要建立在测序基础上，耗资较多。

（5）表型与基因型关联分析。关联分析广泛应用一般线性模型（general linear model，GLM）和混合线性模型（mixture linear model，MLM）。一般线性模型考虑群体遗传结构Q值进行校对和评估，混合线性模型为了避免单独地构建一般线性回归模型（GLM）产生的假阳性，混合线性回归模型（MLM）将群体结构与个体间亲缘关系（Q+K）综合考虑，从而能够更好地验证GLM模型的结果，GLM和MLM相结合分析，结果更准确可靠。

第五节　核心种质库的构建

核心种质库（core collection）是将原群体种质资源中能够代表整个群体的遗传范围的种质挑选出来，尽量用最少的种质材料来保存种质资源库的遗传多样性和遗传结构[168]。核心种质不仅仅是种质库内种质资源压缩的小群体，而且尽量多地保存了一个种及其近缘种的遗传多样性。核心库建立使具有代表性的和核心的资源得到更有效的保存和利用，减少了种质资源库内的数量，同时也大大节约了人力和物力，提高种质库的管理和利用效率，为试验提供更多更有效的育种材料。因此，核心库的建立有利于对种质资源的保存、评价和利用，建立不同资源的核心种质库在种质资源管理保存和利用方面具有重要的意义。目前，全球很多物种已经进行了核心种质的构建，如银杏[21]、蘑菇[22]、郁金香[169]和樱桃[23]等。中国对山杨[170]、梨[171]、烟草[172]等物种进行了相关种质库构建方面的研究。曾宪君[173]通过比较确定采用优先抽样法和最长距离聚类法，构建了159份欧洲黑杨（*Populus nigra* L.）种质核心种质库，包含了36个欧洲黑杨无性系。倪茂磊[174]采用SSR分子标记对美洲黑杨（*Populus deltoides*）种质资源进行了核心种质的初步构建。

一、核心种质库的构建方法

目前，核心种质库的构建方法主要有：分层取样法、逐步聚类随机取样法、最小距离逐步取样法。

（1）分层取样法

分层取样法是指按照分类学、地理起源等把原群体进行分层，对层内的材料再使用一定的取样方法从中抽取核心种质材料，构成核心种质库。

（2）逐步聚类取样法

2000年胡（Hu）等[175]提出利用逐步聚类（stepwise cluster，SC）构建核心子集的方法。首先计算原群体种质材料间遗传距离，其次将按照遗传距离进行聚类分析；在聚类结果中选择分组上差异最小的组，随机删除两个种质材料中的一份进入下一轮聚类；将保留下来的种质材料再次计算遗传聚距离并聚类，同样方法保留种质材料。如此循环直到达到核心种质库的数量，构成核心库。遗传材料较大的种质资源可先依据地理和生态起源等划分成大类，再对每类逐一进行多次聚类构建核心子集。胡等[176]研究表明核心种质采用逐步聚类的方法筛选核心库，具有较好的有效性。

（3）最小距离逐步取样法

王（Wang）等[177]提出了最小距离逐步取样法（least distance stepwise sampling，LDSS）和改进的最小距离逐步取样法（improved least distance stepwise sampling，ILDSS）。原群体的种质材料计算遗传距离，将遗传距离较小的种质材料种质组合按照删除原则，删掉组合中一份材料，保留另外一份材料；将剩余的种质材料进行下一轮的无性系间的遗传距离的计算，再将遗传距离较小的无性系种质组合按照删除原则，删掉组合中一份材料，保留另外一份材料；按照此方法以此类推，直到保留的种质数目达到要求，组成核心种质库。

改进的最小距离逐步取样法删除原则：比较组合中两份种质材料分别与种质群体其他材料间的最小遗传距离，与种质群体其他材料间的最小遗传距离较小的材料保留。因此，本书采用改进的最小距离逐步取样法构建核心种质库，能够更好地保存原群体的遗传多样性，去除冗余的材料从而保存具有代表性的材料。

二、核心种质库的评价方法

种质资源的评价是核心库建立后必不可少的内容。种质库种质资源遗传多样性的评价主要依靠连续性数据分析和间断性数据分析两部分内容，连续性数据主要指表型性状鉴定数据，间断性数据主要指分子标记在内的特征数据。

（1）连续性数据

常用均值差异百分率（mean difference percentage，MD）、方差差异百分率（variance difference percentage，VD）、极差符合率（coincidence rate of range，CR）和变异系数变化率（changeable rate of coefficient of variance，VR）对核心种质的代表性进行评价。均值差异百分率可作为判定核心种质是否具有代表性的参考，变异系数变化率可作为评价核心种质变异程度的重要参考。迪万（Diwan）等[178]研究表明，VD%小于30%且VR%大于等于70%，则可认为核心种质库代表了原群体的遗传变异；胡（Hu）等[175]则提出VD%小于20%且CR%大于等于80%，才能够有效地代表原群体的遗传变异。王建成等[179]通过评价11个参数，表明CR%是所有参数中有效性、稳定性和敏感性最高的参数。

（2）间断性数据

评价指标包括等位基因数（A）、观察杂合度（H_o）、期望杂合度（H_e）、Nei’s遗传多样性和Shannon-Wiener多样性指数。玉苏甫[171]采用SRAP分子标记和多次聚类分组法构建的梨核心种质时，挑选Nei’s遗传多样性和Shannon-Wiener多样性指数均最高的样本群，即30%抽样比率下的28份种质作为梨核心种质。白卉[170]则利用逐步聚类优先法，选出有效等位基因数、Nei’s遗传多样性和Shannon-Wiener多样性指数均最高的样本群，即在30%抽样比率下的42份种质作为山杨核心种质。

第三章　种质资源表型多样性

表型多样性是遗传与环境多样性的综合体现，在相同环境下研究不同种源（产地）表型遗传多样性，不仅能够清楚地了解其遗传变异，同时也是生物多样性和生物系统学研究的重要内容[181]。目前，很多学者利用相对稳定的表型性状来揭示植物的遗传变异，在作物[182, 183]、园艺植物[184-186]和森林植物[187-191]等中得到广泛应用。由于天然群体外界生长环境不一致，表型多样性研究受到限制，不能很好地区分环境效应和遗传效应对植物表型性状变异的影响[192]。本书的研究材料均采自国家沙柳种质资源库,保证生长环境一致能更好地反映群体遗传多样性。本章以探讨沙柳群体表型多样性，揭示表型分化程度为目的，以沙柳表型质量性状（小枝颜色、树皮颜色、雌雄等）和表型数量性状（叶长、叶宽、叶面积、叶柄长和分枝角度等）为对象，采用单因素方差分析、巢式方差分析和群落多样性指数分析等方法，探讨沙柳表型性状多样性和地理变异，为沙柳种质资源遗传改良和生产提供理论基础，对沙柳种质资源定向开发，定向育种提供有价值的依据。

第一节　试验地概况与测定方法

一、试验地概况

国家沙柳种质资源库2008年始建于鄂尔多斯市达拉特旗，面积500亩，地势平坦，生境条件基本一致。资源库收集植株时先对现有天然沙柳分布资料进行了认真科学分析，利用卫星遥感技术与现地踏查相结合的方法掌握沙柳种质资源的天然分布现状，依据沙柳不同种源各项生长指标与种源地经纬度、气候、土壤等主要因子的变异规律和特点，根据沙柳不同种源间抗逆性、生物量、材质、根蘖能力等性状的差异确定21个沙柳种源收集区。每个种源收集沙柳雌雄实生单株数50份，在收集区内首先对被选株进行形态特征调查，主要包括生长势、树形、病虫害感染程度、抗逆性等。同时对各种源区的生态环境条件即立地条件进行详细的考察与记录。在形态特征调查的基础上选择灌丛大、健壮、无病虫害、材质好的三年生植株，详细编号后带回沙柳种质资源库进行扦插繁殖。为防止被选株为同无性的个体，在最终选定收集株时，还要结合沙柳自然种群与人工种群分布格局的差异性来确定沙柳种群的起源，选定时要保证每个收集株间的距离不小于50 m。采集到的种质材料，首先在种质资源保存库内进行扦插繁殖。繁殖成活的苗木，按种源收集区的编号安排沙柳种源定植区，一个种源收集区的样株要定植在同一个区内，每个无性系的个体数不得少于18株。种植株行距为2.5 m × 5 m，采用穴状整地，整地规格50 cm × 50 cm，定植时要使雌雄株分布均匀，以利于传粉。

本书研究材料均采自国家沙柳种质资源保存库，对库内17个种源群体的无性系种质材料进行现地测定，每个群体随机选取了38个无性系，共测定646个无性系。17个群体的地理分布和地理位置如图3-1和表3-1所示。

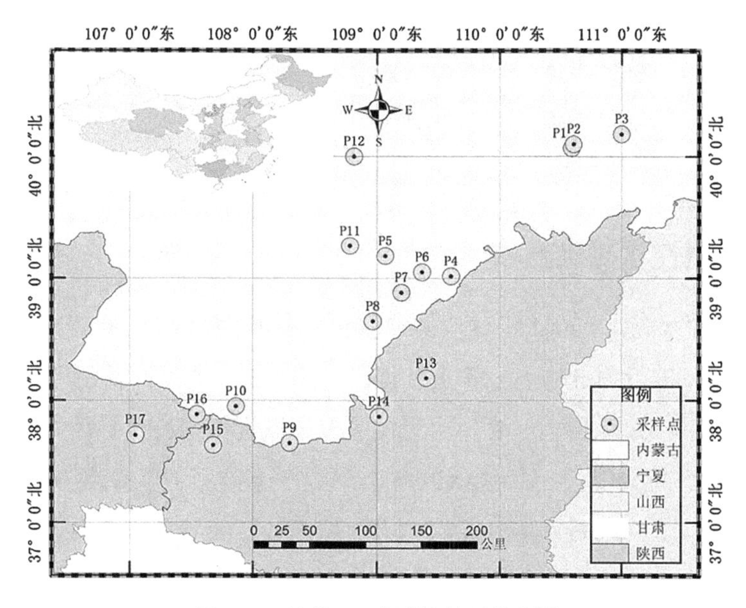

图 3-1　沙柳 17 个群体地理分布图

Fig.3-1 The geographical distribution of 17 populations of *S. psammophila*

表 3-1　沙柳 17 个群体的地理分布

Table.3-1 The geographical distribution of 17 populations of S. psammophila

种源区	种源区名称	编号	无性系数目	纬度（N）	经度（E）	海拔（米）
内蒙古自治区	达拉特旗乌兰壕	P1	38	40° 04′	110° 35′	1224
	达拉特旗保绍圪堵	P2	38	40° 06′	110° 36′	1128

续 表

种源区	种源区名称	编号	无性系数目	纬度（N）	经度（E）	海拔（米）
内蒙古自治区	准格尔旗巨合滩	P3	38	40° 11′	111° 00′	1059
	伊金霍洛旗扎萨克镇	P4	38	39° 01′	109° 36′	1125
	乌审旗乌审召镇查汗淖尔社	P5	38	39° 11′	109° 04′	1081
	乌审旗图克镇图胡日呼社	P6	38	39° 03′	109° 22′	1156
	乌审旗乌兰陶勒盖镇呼拉胡社	P7	38	38° 53′	109° 12′	1112
	乌审旗乌兰陶勒盖镇二队	P8	38	38° 39′	108° 58′	1155
	鄂托克前旗城川镇城川治沙站	P9	38	37° 39′	108° 18′	1194
	鄂托克前旗城川镇哈日色嘎查	P10	38	37° 57′	107° 52′	1187
	鄂托克旗木凯淖尔镇木凯淖尔村	P11	38	39° 16′	108° 47′	1326
	杭锦旗巴音生布尔嘎查乌日图沟	P12	38	40° 00′	108° 49′	1436
陕西省榆林市	榆阳区乔家峁	P13	38	38° 11′	109° 24′	1158
	靖边马季沟	P14	38	37° 52′	109° 01′	1191
	定边蔡马场	P15	38	37° 38′	107° 41′	1362
宁夏回族自治区盐池	骆驼井林场	P16	38	37° 53′	107° 33′	1336
	哈巴湖林场	P17	38	37° 43′	107° 03′	1460

二、表型性状测定方法

（1）数量性状测定：2011年对沙柳种质资源保存库内17个群体的646个三年生无性系使用米尺进行测量株高（PH）和地径（GD），每个无性系使用角度测量仪测定5个分枝角度（BA）。同时，在每个无性系上选取当年生长良好且无病害的成熟叶片8～13片，集中照相后，利用MAPGIS67软件矢量化处理，测量并记录叶片的叶长（LL）、叶宽（LW）、叶面积（LA）、叶柄长（LP）及叶周长（LPE）等表型性状参数（图4）。

（2）质量性状的测定：在每个无性系数量性状测定后赋值统计非数值性状，记录该无性系的花期（1初期；2盛花期；3后期）、柱头是否为红色（0否；1是）、花序是否带毛（0否；1是）、雌雄（0雄；1雌）、树皮颜色即靠近地表主干颜色（1灰色；2黄色；3红色）、小枝颜色即当年生枝条颜色（1灰色；2黄色；3红色）及病虫害情况（1重度；2轻度；3无）。数值化后进行统计分析。

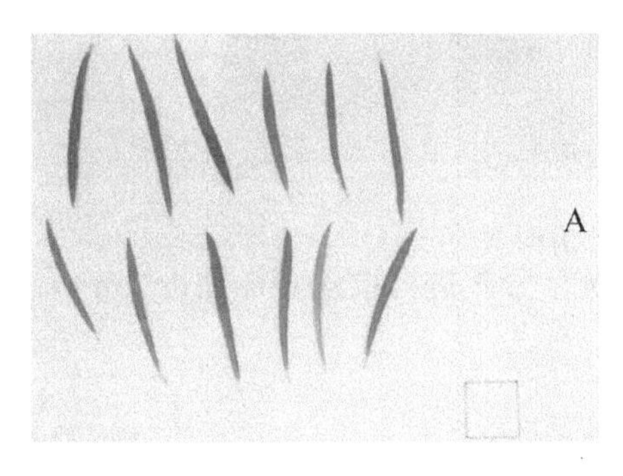

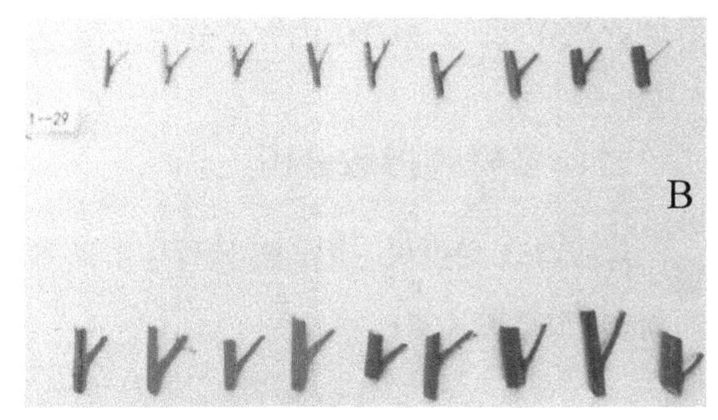

图 3-2　表型性状测定图

Fig.3-2　Determination diagram of phenotypic traits

注：A为叶片测定图；B为分枝测定图。

第二节　统计分析

一、方差分析

对17个群体的646个无性系的9个数量性状（叶长、叶宽、叶面积、叶柄长、叶周长、叶长宽比、株高、地径和分枝角度）使用DPS16.05进行单因素方差分析，Duncan新复极差法进行多重比较分析，计算变异系数。对有重复的7个采集性状（叶长、叶宽、叶面积、叶柄长、叶周长、叶长宽比和分枝角度）参照续九如[193]的方法使用DPS16.05进行巢式方差分析。

群体巢式方差分析的线性模型为：

$$Y_{ijk} = \mu + S_i + T_{(i)j} + \varepsilon_{(ij)k} \tag{2-1}$$

式中：Y_{ijk}为第i个群体第j个无性系的第k个观测值，μ为总体均值，S_i为群体效应值，$T_{(i)j}$为群体内无性系效应值，$\varepsilon_{(ij)k}$为试验误差。

根据巢式方差分析的结果，分别计算群体间群体内方差分量、方差分量百分比和各个性状的表型分化系数，从而反应群体间的表型分化情况。

表型分化系数计算参照葛颂[194]的方法，计算公式：

$$V_{st} = \frac{\sigma^2_{T/S}}{(\sigma^2_{T/S} + \sigma^2_{S})} \times 100\% \tag{2-2}$$

式中，V_{st}为表型分化系数，表示群体间变异占遗传总变异的百分比，$\sigma^2_{T/S}$为群体间方差分量，σ_s^2为群体内方差分量。

二、多样性指数分析

对所有表型性状应用DPS软件中群落参数统计分析进行群落多样性指数分析。Simpson指数定义为：

$$D=1-\sum_{i=1}^{S} p_i^{\,2} \tag{2-3}$$

p_i为某性状第i个代码值的频率，这个公式适用于估计无限总体的多样性指数。

本书采用Pielou[195]指出的对于有限总体，多样性指数估计公式为：

$$D'=1-\sum_{i=1}^{S}\left[\frac{n_i(n_i-1)}{N(N-1)}\right] \tag{2-4}$$

式中n_i为某性状第i个代码值的频数，N为所有代码值的个数总和。

Shannon-Wiener多样性指数：

$$I=-\sum_{i=1}^{S} p_i \frac{1}{n} Ln(p_i) \tag{2-5}$$

式中p_i为某性状第i个代码值出现的概率。

Brillouin多样性指数：

$$H=\frac{1}{N}Ln\left(\frac{N!}{n_1!n_2!n_3!\ldots}\right) \tag{2-6}$$

式中n_i为某性状第1个代码值出现的数量，n_2为某性状第2个代码值出现的数量，由此类推。

所有数据用Excel 2010进行统计，运用DPS16.05进行巢式方差分析、单因素方差分析、多样性指数计算和主成分分析；主成分分析图使用R语言进行绘制；利用IBD1.52软件对地理距离与欧氏距离进行Mantel检验，使用MEGA3.1和MeV4.9软件分别绘制聚类图和聚类热图。

三、遗传相关分析

表型相关系数可以直接从观测值计算得到，遗传相关系数和环境相关系数，即估计遗传协方差和环境协方差。采用单因素遗传设计方差—协方差方法，该方法方差—协方差分析模式（表3-2）可得：环境协方差由误差协方差估计（W_2），遗传协方差的估计值为（W_1-W_2）/r，表型协方差为$\left[W_1+(r-1)W_2\right]/r$，从而求其3种相关系

数分别为

$$r_p=\frac{w_1+(r-1)w_2}{\sqrt{[v_1(x)+(r-1)v_2(x)][V_1(y)+(r-1)v_2(y)]}} \tag{2-7}$$

$$r_g=\frac{w_1-w_2}{\sqrt{[v_1(x)-v_2(x)][V_1(y)-v_2(y)]}} \tag{2-8}$$

$$r_e=\frac{w_2}{\sqrt{v_2(x)v_2(y)}} \tag{2-9}$$

表 3–2　单因素遗传设计方差—协方差分析

Table.3–2　Covariance analysis - single factor genetic design

变异来源	自由度	方差	期望方差	协方差	期望协方差
重复	$R-1$				
群体间	$N-1$	$V_1(x)V_1(y)$	$\sigma^2+r\sigma_g^2$	W_1	Cov_e+Cov_g
机误	$(r-1)(n-1)$	$V_2(x)V_2(y)$	σ^2	W_2	Cov_e

使用DPS16.05软件中数量遗传参数估计，进行植物数量遗传相关系数和遗传力分析。

第三节　结果与分析

一、质量性状频率分布

17个群体树皮颜色、小枝颜色、病虫害情况、花期、柱头颜色、花序是否带毛和性别这7个质量性状的频率分布结果（图3–3）如下所述。树皮颜色（多年生枝条颜色）以灰色为主，占总无性系的79.88%（见A），其中P8群体树皮颜色全部为灰色，P6和P17群体中树皮颜色为灰色的相对最多，均为97.37%；P13群体黄色和红色树皮占群体百分比均最高，分别为36.84%和34.21%。小枝颜色（一年生枝条颜色）以黄色为主，占总体的80.80%（见B），其中P8群体小枝颜色全部为黄色，P9和P10群体黄色小枝所占比例较大，分别为92.11%和97.37%，红色小枝最多的是P15群体为65.79%，其中小枝颜色为灰色的无性系则很少仅占5.26%。沙柳枝条颜色在不同枝龄表现不同的颜色，调查结果表明一年生枝条颜色多为黄色，而多年生枝条颜色以灰色为主，这与《内蒙古植物志》中所记载的沙柳枝条表型性状相符。

沙柳病虫害感染情况调查表明，所有调查的无性系中重度病害的仅占6.97%，大部分无性系有轻度的病害占54.49%，完全健康的无性系则有38.54%（见C），其中P15群体最为健康，无病害的无性系占76.32%，而P2群体遭遇病害最为严重，重度病害的无性系占31.58%。2017年4月9日，沙柳无性系中开花盛期的无性系占总体的74.46%，初期和后期的无性系分别占19.66%和5.88%；P3和P16群体处于盛花期的无性系占该群体所有无性系的百分比最大为97.37%；P1群体68.42%的无性系仍处于开花初期，而P6和P11群体中开花后期的无性系比其他群体高均为15.79%，表明沙柳无性系间存在花期不一致的现象（见D）。

沙柳雌花柱头颜色多为绿色，呈红柱头的仅占10.37%；P15群体中红色柱头的无性系最多，占该群体的23.68%（见E）。沙柳花序是否带柔毛的频率统计表明，花序带毛的无性系仅占所有调查无性系的1.39%；P15群体中花序带毛的无性系最多，占该群体的13.16%（见F）。在646个无性系中，雄株和雌株分别占28.64%和71.36%；P2群体中雄株最多占群体的86.84%，而P9群体中雌株比例最大占94.74%（见G）。

二、沙柳数量性状变异系数

对沙柳17个群体内无性系间的9个数量表型性状进行单因素方差分析和Duncan多重比较结果（表3–3）表明，沙柳数量表型在群体间存在极显著差异，其中P3、P16和P17群体的叶片表型指标较大，P1、P6、P7、P8、P9和P10群体叶片表型指标较小；P17群体叶长最大为7.56 cm，叶面积也最大为2.94 cm^2，叶柄长达0.88 cm，而P8群体叶长最短仅为5.23 cm，叶面积也最小为1.45 cm^2，叶柄长仅有0.48 cm；分枝角度最大的是P1群体（37.66°），最小的是P8群体（26.85°）；P1群体的株高最大为235.63 cm；而P14群体的株高和地径均最小，分别为169.37 cm和8.47 cm。17个群体地理分布图（图3–3）可知，位于分布区东北边缘的P3群体和分布区西南边缘的P16和P17群体叶片表型相对较大，而位于分布区中心的群体叶片表型性状较小。

变异系数可以很好地反应表型性状的离散程度，变异系数越小，离散程度也越小，性状越稳定。沙柳9个表型性状平均变异系数为0.2279，其中地径变异系数最大为0.3303，分枝角度变异系数最小仅为0.1393（表3–4）；变异系数从大到小依次为地径>叶面积>叶长宽比>叶柄长>叶周长>叶长>叶宽>株高>分枝角度，说明地径和叶面积性状的稳定性差；13个群体间各指标的平均变异系数相近，变异系数从大到小为P5>P3>P4>P2>P1>P9>P10>P12>P6>P15>P14>P7>P16>P8>P13>P17>P11，说明P11和P17较其他群体变异系数最小，性状较稳定，而P3和P5群体变异系数最大，性状变异程度较高，说明不同分布区环境异质性可能导致了不同群体在同一性状中的变异系数的差异。

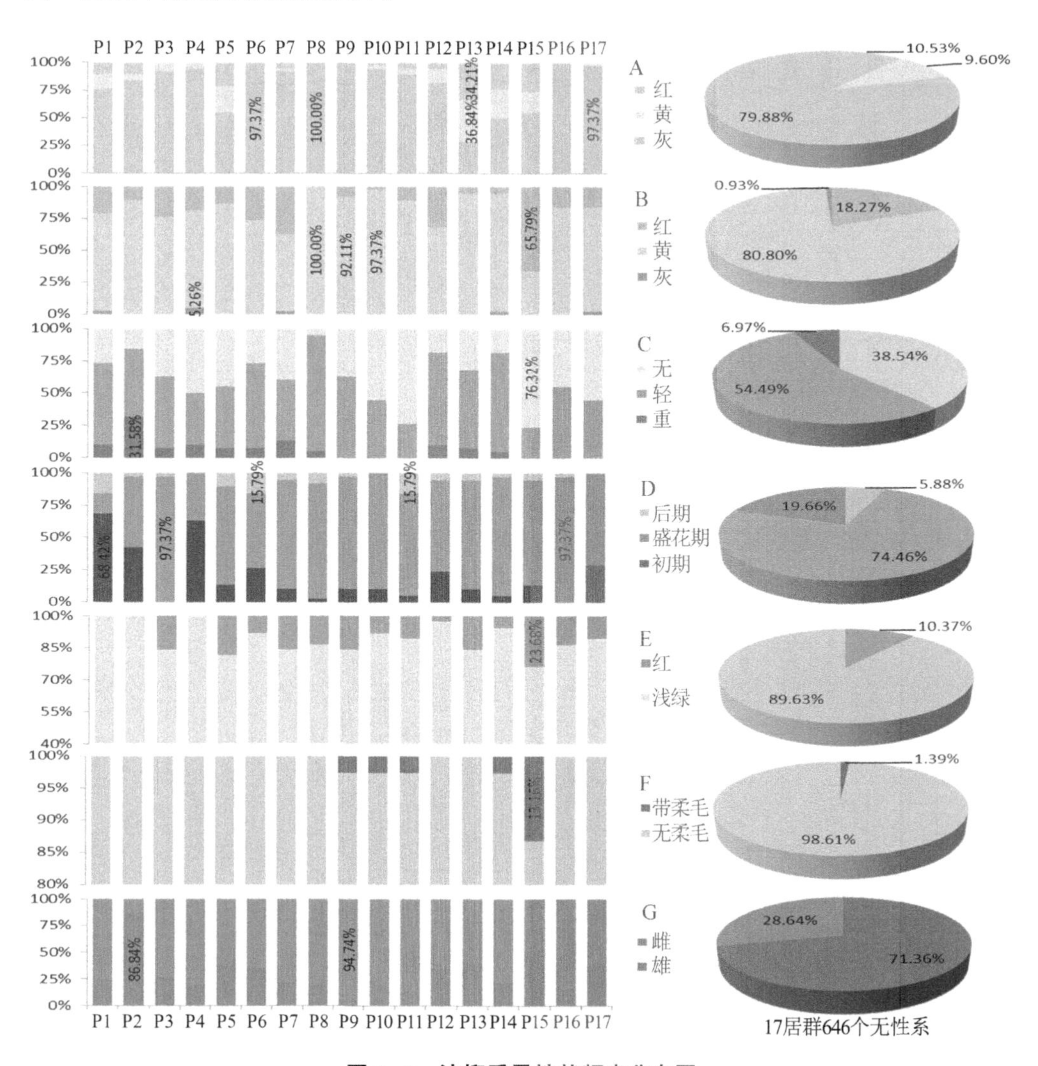

图 3–3　沙柳质量性状频率分布图

Fig.3–3　Frequency distribution of phenotypic quality traits of population in S. psammophila

注：A为树皮颜色；B为小枝颜色；C为病虫害情况；D为花期；E为柱头颜色；F为花序是否带毛；G为雌雄。

表 3-3　沙柳 17 个群体表型性状平均值、标准差和多重比较结果

Table.3-3　The mean value and standard deviation of phenotypic traits from 17 populations in *S. psammophila*

群体	LL	LA	LPE	LW	LL/LW	LP	BA	PH	GD
P1	5.5±1.05FG	1.74±0.68DE	12.22±2.34F	0.39±0.08ABC	14.53±2.8E	0.46±0.13E	**37.66±4.15A**	**235.63±34.6AB**	13.28±4.93BCDEF
P2	6.06±1.22DEFG	1.89±0.68CDE	13.16±2.65DEF	0.4±0.08ABC	15.34±2.73DE	0.51±0.13CDE	36.1±4.35ABC	228.53±35.01ABCD	15.98±10.07AB
P3	7.48±2.24AB	2.59±1.27AB	16.14±4.83AB	0.41±0.09A	18.14±3.44BC	0.68±0.25B	32.72±3.97DE	220.24±44.23BCF	14.93±6.02ABC
P4	6.63±1.62BCDE	1.99±0.72CD	14.47±3.57BCDE	0.36±0.06CDEF	18.82±4.94BC	0.58±0.23BCD	27±4.34H	203.42±30.38DEF	13.57±5.35BCDE
P5	6.94±2.21ABC	2.26±1.09BC	15.01±4.85BCD	0.39±0.08ABC	18.07±5.41BC	0.58±0.21CD	27.42±5.16GH	205.97±33.85DE	12.34±3.59CDEF
P6	5.64±1.15FG	1.76±0.63DE	13.13±2.66DEF	0.32±0.07FG	18.2±3.62BC	0.51±0.14CDE	30.53±3.94EF	217.32±29.69BCD	12.14±3.62CDEF
P7	5.57±1.04FG	1.64±0.47DE	12.87±2.36EF	0.31±0.05GH	18.7±4.33BC	0.51±0.11CDE	34.63±7.03CD	217.08±39.11BCD	12.29±3.16CDEF
P8	5.23±0.99G	1.45±0.39E	12.02±2.26F	0.3±0.05GH	18.33±4.71BC	0.48±0.13DE	26.85±2.4H	214.11±32.97BCD	11.41±3.21DEFG
P9	5.77±1.09EFG	1.61±0.54DE	13.13±2.47DEF	0.27±0.06H	22.45±5.63A	0.51±0.13CDE	29.25±3.2FGH	246.95±43.39A	14.39±5.28ABCD
P10	5.54±1.23FG	1.56±0.49DE	12.7±2.86EF	0.31±0.05G	18.3±4.44BC	0.51±0.17CDE	34.78±5.52BCD	233.42±40.06ABC	12.16±2.95CDEF
P11	6±0.8EFG	1.96±0.37CD	13.9±2.04CDEF	0.38±0.04ABCD	16.24±2.5CDE	0.6±0.14BC	37.52±3.68AB	209.29±35.08CDE	11.46±4.1DEFG
P12	5.99±1.19EFG	1.8±0.51CDE	13.43±2.63DEF	0.33±0.06EFG	19.02±5.53BC	0.52±0.17CDE	28.7±3.34FGH	189.45±34.98EFG	10.47±2.77EFG
P13	6.09±0.96CDEFG	1.91±0.43CDE	13.77±2.27CDEF	0.36±0.05CDEF	17.43±3.29BCD	0.52±0.21CDE	28.46±3.74FGH	182.61±35.72FG	8.84±2.16G
P14	6.28±1.03CDEF	2.03±0.6CD	13.3±3.16DEF	0.34±0.07DEFG	19.29±3.96B	0.52±0.12CDE	28.86±5.06FGH	169.37±32.24G	8.47±1.85G
P15	6.88±1.4ABCD	2.62±0.76AB	15.03±2.95BCD	0.38±0.06ABCD	18.98±4.7BC	0.54±0.15CDE	30±5.5EFG	178.95±22.65G	10.18±2.58FG
P16	7.21±1.27AB	2.25±0.63BC	15.43±2.98ABC	0.37±0.06BCDE	20.28±3.33AB	0.44±0.1E	28.92±3.41FGH	217.66±54.2BCD	14.51±5.02ABCD
P17	7.56±0.89A	2.94±0.69A	17.1±2.17A	0.41±0.07AB	18.81±2.56BC	0.88±0.12A	31.09±4.81EF	215.21±35.5BCD	16.72±6.61A
平均	6.26±0.73	2±0.41	13.93±1.41	0.35±0.04	18.29±1.8	0.55±0.1	31.21±3.65	210.89±21	12.54±2.33

注：同列不同大写字母表示差异显著，显著水平 $P<0.01$。

LL表示叶长，LA表示叶面积，LPE表示叶周长，LW表示叶宽，LL/LW表示长宽比，LP表示叶柄长，BA表示开枝角度，PH表示株高，GD表示地径。下同。

表 3–4　沙柳 17 个群体表型性状变异系数

Table.3–4 Variation coefficients of phenotypic traits from 17 populations in *S. psammophila*

群体	LL	LA	LPE	LW	LL/LW	LP	BA	PH	GD	Mean
P1	0.1914	0.3938	0.1916	0.1995	0.1930	0.2930	0.1103	0.1468	0.3710	0.2323
P2	0.2008	0.3605	0.2015	0.1887	0.1782	0.2609	0.1204	0.1532	0.6303	0.2549
P3	0.2997	0.4898	0.2991	0.2265	0.1894	0.3611	0.1213	0.2008	0.4032	0.2879
P4	0.2439	0.3628	0.2467	0.1729	0.2626	0.3908	0.1606	0.1493	0.3943	0.2649
P5	0.3182	0.4845	0.3231	0.1980	0.2993	0.3652	0.1880	0.1643	0.2907	0.2924
P6	0.2031	0.3552	0.2024	0.2294	0.1988	0.2738	0.1291	0.1366	0.2985	0.2252
P7	0.1873	0.2841	0.1837	0.1769	0.2315	0.2230	0.2031	0.1801	0.2571	0.2141
P8	0.1897	0.2718	0.1884	0.1794	0.2568	0.2750	0.0893	0.1540	0.2814	0.2095
P9	0.1886	0.3373	0.1878	0.2144	0.2507	0.2487	0.1094	0.1757	0.3667	0.2310
P10	0.2229	0.3116	0.2249	0.1562	0.2428	0.3334	0.1588	0.1716	0.2429	0.2295
P11	0.1343	0.1899	0.1469	0.1099	0.1538	0.2301	0.0981	0.1676	0.3575	0.1765
P12	0.1988	0.2834	0.1961	0.1719	0.2907	0.3251	0.1164	0.1846	0.2648	0.2258
P13	0.1571	0.2252	0.1650	0.1384	0.1888	0.3990	0.1313	0.1956	0.2439	0.2049
P14	0.1635	0.2956	0.2375	0.2143	0.2051	0.2383	0.1753	0.1903	0.2186	0.2154
P15	0.2038	0.2914	0.1964	0.1686	0.2478	0.2840	0.1833	0.1266	0.2534	0.2173
P16	0.1765	0.2801	0.1928	0.1572	0.1640	0.2369	0.1178	0.2490	0.3461	0.2134
P17	0.1182	0.2339	0.1267	0.1597	0.1361	0.1326	0.1548	0.1649	0.3952	0.1802
平均	0.1999	0.3206	0.2065	0.1801	0.2170	0.2865	0.1393	0.1712	0.3303	0.2279

三、沙柳表型性状多样性指数

1.不同表型性状多样性指数

对沙柳646个无性系9个数量表型性状分别使用DPS16.05进行连续变量频数统计分析，进行群落多样性指数分析获得不同表型性状多样性指数参数（表3-5）。分枝角度的Simpson（D=0.9302）、Shannon（I=2.7740）和Brillouin（H=3.8936）多样性指数均最高；地径Simpson（D=0.7988）、Shannon（I=1.8791）和Brillouin（H=2.6465）多样性指数最低，这与变异系数结果相比，说明虽然分枝角度变异小，但多样性极为丰富，而地径变异系数大，但多样性指数却偏低。

表3-5 沙柳不同表型性状多样性指数

Table.3-5 Index of phenotypic diversity on different traits in *S. psammophila*

性状	表型多样性指数		
	Simpson(D)	Shannon(I)	Brillouin(H)
LL	0.9161	2.6567	3.7248
LA	0.9029	2.5217	3.5399
LPE	0.8932	2.4280	3.4129
LW	0.9206	2.7051	3.7901
LL/LW	0.9062	2.5290	3.5509
LP	0.9098	2.6060	3.6552
BA	0.9302	2.7740	3.8936
PH	0.8946	2.4033	3.3818
GD	0.7988	1.8791	2.6465
平均	0.8969	2.5003	3.5106

2.不同群体表型性状多样性指数

对沙柳17个群体9个数量表型性状分别使用DPS16.05进行连续变量频数统计分析，再进行17个群体不同表型性状的群落多样性指数分析。17个群体不同表型性状平均群落多样性指数结果如表3-6所示，说明不同分布区群体沙柳表型多样性指数存在一定差异，其中P3群体9个数量表型性状平均多样性指数Simpson（D=0.8399）、Shannon（I=1.8141）和Brillouin（H=2.2655）均最高；而P1群体数量表型性状平均多样性指数Simpson（D=0.7319）、Shannon（I=1.4785）和Brillouin（H=1.8470）均最低。

表 3-6　不同群体表型性状多样性指数

Table.3-6 Index of phenotypic diversity on different populations in *S. psammophila*

群体	表型多样性指数		
	Simpson(*D*)	Shannon(*I*)	Brillouin(*H*)
P1	0.7319	1.4785	1.8470
P2	0.7675	1.6071	2.0054
P3	0.8399	1.8141	2.2655
P4	0.7727	1.6086	2.0024
P5	0.7922	1.6431	2.0502
P6	0.7918	1.6367	2.0453
P7	0.8124	1.6961	2.1212
P8	0.7922	1.6506	2.0619
P9	0.8012	1.6434	2.0607
P10	0.7982	1.6384	2.0538
P11	0.7759	1.6064	2.0060
P12	0.8084	1.6828	2.1074
P13	0.8361	1.7850	2.2321
P14	0.7941	1.6141	2.0280
P15	0.8045	1.6883	2.1116
P16	0.7626	1.5485	1.9373
P17	0.7523	1.5478	1.9309

四、沙柳群体表型性状分化

表型性状的巢式方差分析结果（表3-7）表明，17个群体间的均方远远大于群体内的均方，株高群体间和群体内的均方最大分别为16 766.1627和1347.8967，而叶宽在群体间和群体内的均方均最小分别为0.6352和0.0374；同时在群体间和群体内都存在极显著差异（$P<0.01$），说明沙柳表型性状存在较丰富的变异。

巢式方差分析得到叶片性状和分枝角度的方差分量及方差分量百分比，结果如表3-8，表型性状在群体间和群体内的平均方差分量百分比为16.17%和49.46%，即群体内的方差分量大于群体间的方差分量，表明沙柳群体内的分化程度大于群体间的分化程度；如叶宽群体间的方差分量最大为21.04%，长宽比群体内的方差分量最大的是54.42%。7个表型性状的表型分化系数中，分枝角度的表型分化系数最大，为51.81%，说明其在不同群体间分化最大，丰富性最高；而叶周长分化系数最小仅为15.47%，表明该性状在不同群体间分化最小，相对稳定，这与表型多样性指数所得结果相符。沙柳平均表型分化系数（Vst）为0.3223，即沙柳种质资源群体间表型变异为32.23%，群体内表型变异为67.77%，说明沙柳表型变异的主要来源为群体内。

表 3–7　沙柳群体间和群体内表型性状巢式方差分析

Table.3–7　Variance of nested analysis of phenotypic traits among and within populations in *S. psammophila*

性状	均方（自由度）			F值	
	群体间	群体内	机误	群体间	群体内
LL	167.8754(16)	15.3556(629)	0.7367	10.9325**	20.8437**
LA	50.4071(16)	4.0522(629)	0.2009	12.4394**	20.1724**
LPE	603.2495(16)	79.0156(629)	3.6335	7.6346**	21.7461**
LW	0.6352(16)	0.0374(629)	0.0027	16.9642**	13.8629**
LL/LW	1233.7411(16)	151.1871(629)	9.9838	8.1604**	15.1433**
LP	2.8877(16)	0.2338(629)	0.0155	12.3489**	15.1039**
BA	2535.8047(16)	99.417(629)	39.7800	25.5067**	2.4992**
PH	16 766.1627(16)	1347.8967(629)	-	12.439**	-
GD	206.5613(16)	22.444(629)	-	9.203**	-

注：**表示0.01水平差异显著

表 3–8　沙柳表型性状方差分量及表型分化系数

Table.3–8　Variance component and differentiation coefficients of phenotypic traits in *S. psammophila*

性状	方差分量			方差分量百分比 /%			表型分化系数
	群体间	群体内	机误	群体间	群体内	机误	(Vst) /%
LL	0.4463	1.6257	0.7367	15.8913	57.8801	26.2286	21.5396
LA	0.1357	0.4283	0.2009	17.7368	55.9986	26.2645	24.0603
LPE	1.5339	8.3815	3.6335	11.3212	61.8610	26.8178	15.4699
LW	0.0017	0.0039	0.0027	21.0398	46.4689	32.4914	30.3571
LL/LW	3.1675	15.7001	9.9838	10.9788	54.4171	34.6041	16.7880
LP	0.0078	0.0244	0.0155	16.3542	51.1340	32.5119	24.2236
BA	12.8231	11.9274	39.7800	19.8714	18.4834	61.6453	51.8095
平均	2.5880	5.4416	7.7647	16.1705	49.4633	34.3662	32.2307

五、沙柳群体数量表型性状遗传相关分析

植物育种工作中，不仅要考虑基因遗传、表现型的影响，而且要考虑环境因素的作用，因此对不同的性状，不仅要分解其表现型和遗传型的方差，还要分解其环境的协方差。

利用DPS软件对17个群体646个无性系采用植物数量遗传相关分析，进行表型相关、遗传和环境相关分析，使用R包绘制表型相关分析图（图3-4）。叶长与叶周长表型相关系数最大为0.97，叶柄长与分枝角度表型相关系数最小仅为0.02（图3-4）。遗传相关系数中，叶周长与叶长和叶面积呈显著正相关，相关系数最大分别为0.97和0.96；环境相关系数中，叶长与叶面积、叶周长、长宽比和叶柄长呈显著正相关，其中叶长与叶周长相关系数最大为0.96；叶面积与叶周长、叶宽、叶柄长呈显著正相关，其中叶面积与叶周长相关系数最大为0.83；叶周长与长宽比和叶柄长呈显著正相关，环境相关系数为0.61和0.76（表3-9）。

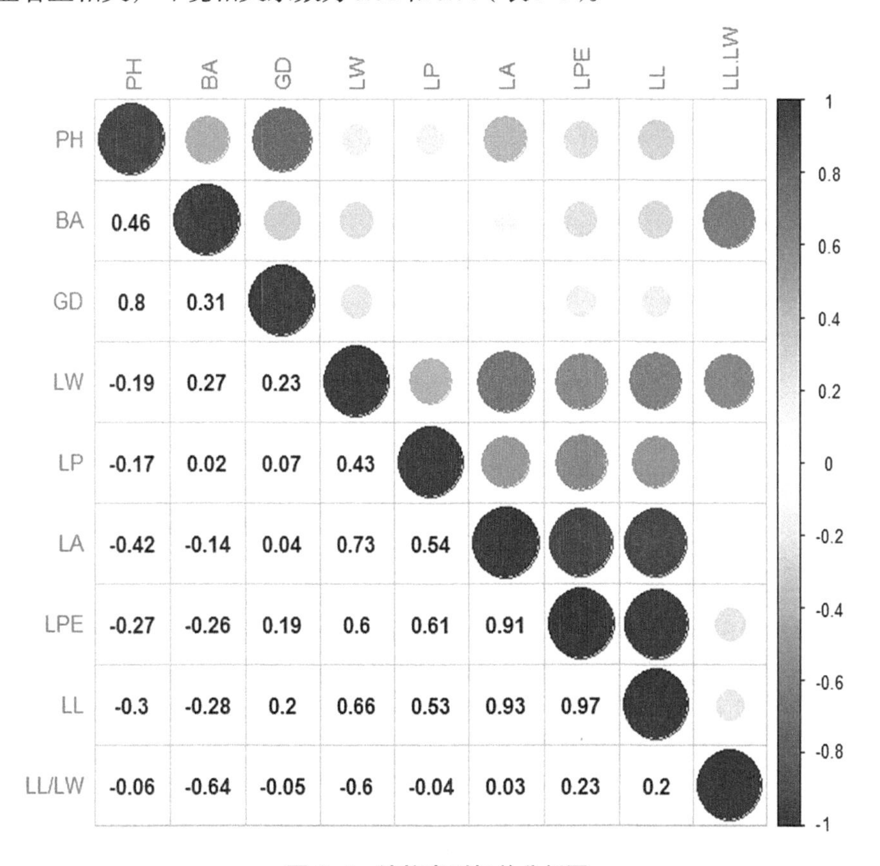

图3-4　沙柳表型相关分析图

Fig.3-4　Correlation analysis of *S. psammophila*

表 3-9 沙柳数量性状遗传相关与环境相关系数

Table.3-9 The correlation coefficient of quantitative traits in *S. psammophila*

性状	LL	LA	LPE	LW	LL/LW	LP	BA	PH	GD
LL		0.94	0.97*	0.73	0.17	0.64	−0.27	−0.27	0.41
LA	0.88*		0.96*	0.76	0.05	0.74	−0.12	−0.33	0.32
LPE	0.96**	0.83*		0.69	0.17	0.76	−0.23	−0.21	0.45
LW	0.41	0.74*	0.36		−0.55	0.52	0.26	−0.18	0.37
LL/LW	0.62*	0.23	0.61*	−0.42		−0.01	−0.70	−0.06	−0.01
LP	0.74*	0.68*	0.76*	0.3	0.47		0.00	−0.06	0.46
BA	0.03	0.02	0.02	0.03	0.01	0.06		0.48	0.29
PH	0.01	0.05	−0.02	0.06	−0.05	0.03	0.09		0.78
GD	0.02	0.06	0.01	0.1	−0.06	0	0.07	0.33	

注：右上角为遗传相关，左下角为环境相关；*表示$P<0.05$,**表示$P<0.01$。

表 3-10 沙柳数量性状遗传力和相关遗传力系数

Table.3-10 The quantitative traits heritability and genetic correlation coefficient

性状	遗传力	LL	LA	LPE	LW	LL/LW	LP	BA	PH
LL	0.90								
LA	0.90	0.84							
LPE	0.83	0.84	0.80						
LW	0.93	0.62	0.67	0.57					
LL/LW	0.87	0.13	0.01	0.13	−0.56				
LP	0.79	0.42	0.44	0.46	0.40	−0.12			
BA	0.96	−0.28	−0.14	−0.26	0.27	−0.64	0.02		
PH	0.92	−0.30	−0.42	−0.27	−0.19	−0.05	−0.17	0.46	
GD	0.88	0.20	0.04	0.19	0.22	−0.05	0.07	0.31	0.77

9个数量性状计算遗传力和性状间相关遗传力结果（表3-10）表明，开枝角度的遗传力最大为0.96，叶柄遗传力最小为0.79，说明开枝角度表型变异受遗传因素影响较大，而叶柄表型变异受遗传因素影响较小；遗传力相关分析中，叶长与叶面积和叶周长的相关遗传力系数最大均为0.84。

六、表型性状的主成分分析

对沙柳9个数量性状使用DPS16.05基于相关系数进行主成分分析结果表明（表

3–11)，因子1、因子2和因子3的特征值大于1。因子1的贡献率最高为47.8844%，叶长（0.4617）、叶面积（0.4663）和叶周长（0.4685）载荷度最高；因子2的贡献率为25.2567%，分枝角度的载荷度最大（0.5704）；因子3的贡献率为17.1484%，叶长宽比的载荷度最大为0.5608；以上3因子描述了沙柳9个数量性状中约90.2895%的变异（表3–11）。由因子1和因子2构建的主成分散点图（图3–5）可知，17个群体分成3组，P1和P2、P3和P17均位于沙柳分布区的边缘区域；这些群体出现分离的现象。基于相关系数对646个无性系表型性状进行主成分分析，绘制主成分分析图同样可以发现P1和P2、P3和P17出现分离的现象（图3–6），表明这些群体与其他群体间可能存在较大的表型差异。

表 3–11　沙柳不同群体数量性状主成分分析

Table.3–11　The PCA of quantitative traits in different populations in *S. psammophila*

性状	主成分		
	因子1	因子2	因子3
LL	0.4617	–0.1078	0.042
LA	0.4663	–0.0604	–0.0821
LPE	0.4685	–0.0833	0.0893
LW	0.3764	0.2357	–0.3624
LL/LW	0.0267	–0.445	0.5608
LP	0.3874	0.0602	0.0816
BA	–0.0529	0.5704	–0.1854
PH	–0.088	0.476	0.5204
GD	0.2164	0.4106	0.4752
特征值	4.3096	2.2731	1.5434
贡献率/%	47.8844	25.2567	17.1484
累计贡献率/%	47.8844	73.1411	90.2895

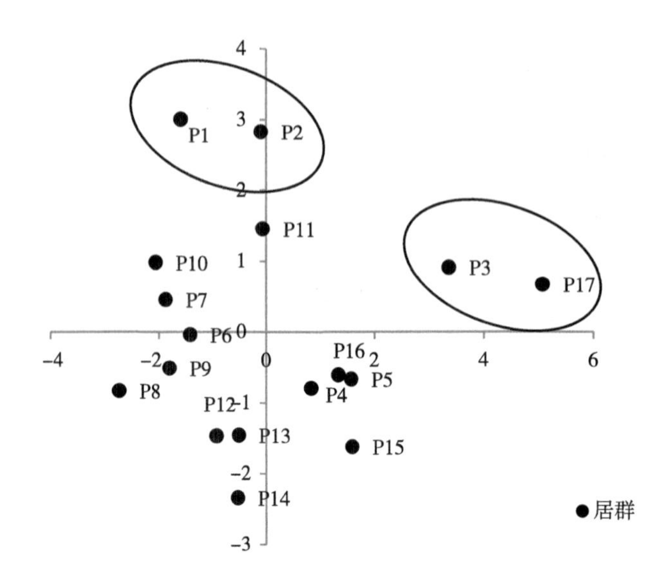

图 3-5　17 个群体沙柳数量表型性状主成分分析

Fig.3-5　PCA analysis based on quantitative traits of 17 populations in *S. psammophila*

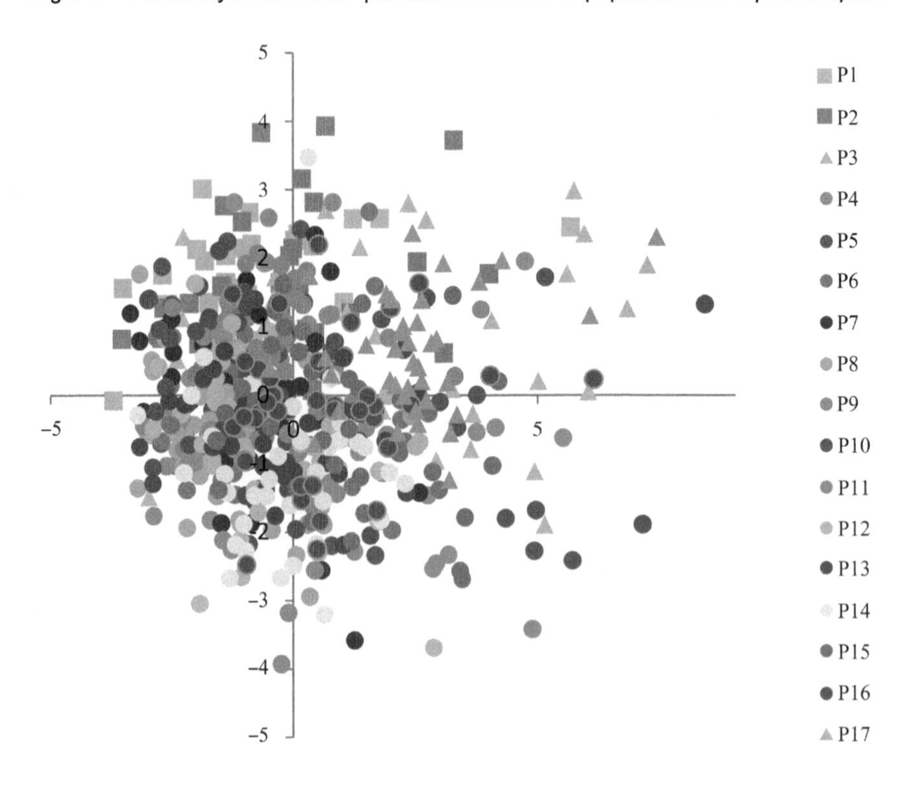

图 3-6　沙柳 646 个无性系数量表型性状主成分分析

Fig.3-6　PCA analysis based on quantitative traits of 646 genets in *S. psammophila*

七、沙柳聚类分析和地理距离的关系

对9个表型性状的平均值经过标准化处理，利用欧式距离类平均法（UPGMA）进行了群体间欧式距离计算（表3-12），结果表明，P17与其他群体间平均欧式距离最大为6.04，P6与其他群体间平均距离最小为3.09；其中P7与P10群体间欧式距离平均值最小为0.85，表明两者间表型性状差异度小，相似性高；P8与P17群体间欧式距离平均值最大为8.10，表明表型性状差异度大，相似性低。根据欧式距离矩阵利用MEGA3.1构建性状聚类图，绘制性状聚类热图（图3-7），结果显示17个群体在欧式距离为2.5处被分为三组，第一组由P3和P17组成，叶长、叶面积、叶周长等叶片性状在热图中呈现红色，表明其具有叶片性状相对较大的特点；第二组由P1、P2和P11组成，株高和地径在热图中呈现绿色，具有株高和地径较小的特点，剩余群体为第三组。

使用IBD1.52对群体间地理距离与表型欧氏距离进行Mantel检验，结果表明相关系数r=0.313（P=0.005）相关显著，呈现正相关趋势（图3-8），表明沙柳数量性状欧氏距离与群体间地理距离存在关联性，地理分布对数量性状形成存在一定的影响力。

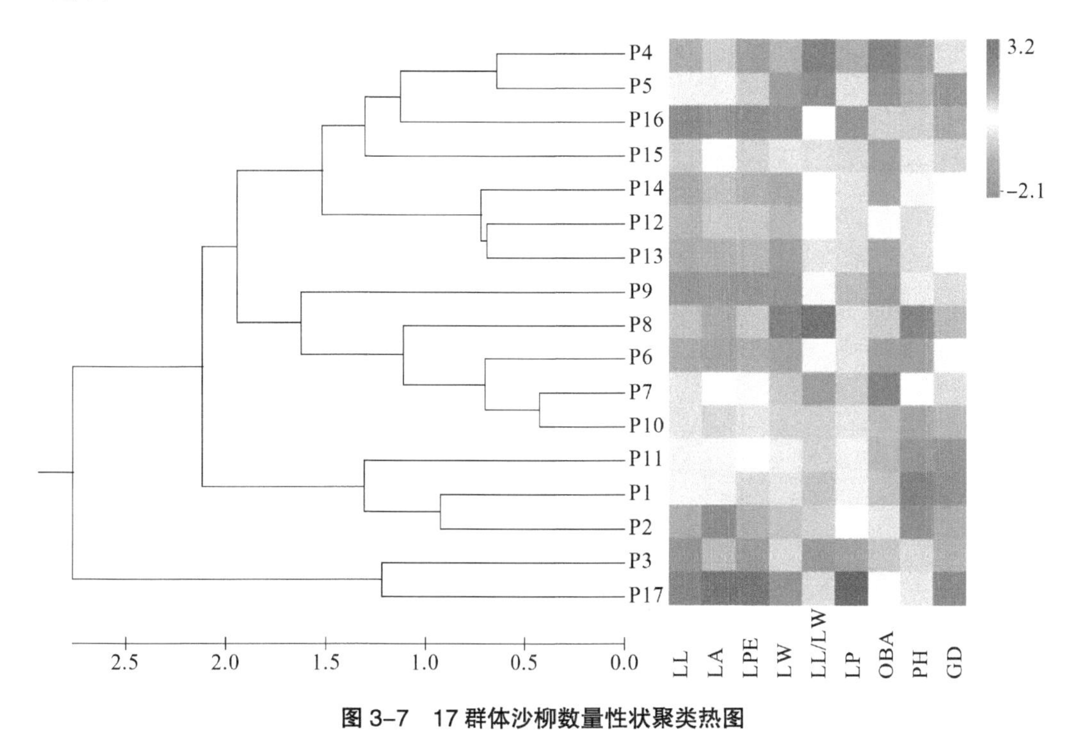

图3-7　17群体沙柳数量性状聚类热图

Fig.3-7　Cluster heat map of quantitative traits among populations in *S. psammophila*

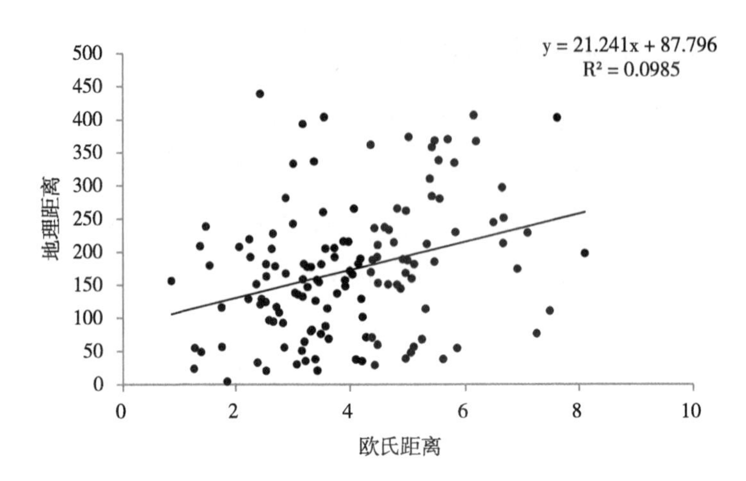

图 3-8　群体间地理距离与欧氏距离相关关系

Fig.3-8　The correlation betwee geographic distance and euclidean distance

表 3-12 沙柳群体间数量性状欧式距离矩阵

Table.3-12 Pairwise comparison of euclidean distance among populations in *S. psammophila*

居群	平均距离	P1	P2	P3	P4	P5	P6	P7	P8	P9	P10	P11	P12	P13	P14	P15	P16
P1	4.61																
P2	4.36	1.85															
P3	4.47	5.62	4.2														
P4	3.14	4.88	3.92	3.27													
P5	3.35	4.97	4	2.64	1.28												
P6	3.09	3.47	3.44	4.92	2.54	3.24											
P7	3.46	3.34	3.51	5.34	3.41	4.1	1.27										
P8	4.07	4.47	4.77	6.49	3.64	4.47	1.76	2.38									
P9	4.78	5.82	5.54	6.19	4.18	5.12	3.21	3.2	3.41								
P10	3.71	3.02	3.39	5.47	3.74	4.36	1.54	0.85	2.53	3.18							
P11	3.75	2.7	2.54	3.98	3.5	3.44	2.86	2.77	4.37	5.47	2.89						
P12	3.17	4.66	4.48	5	2.23	2.84	1.76	2.46	2.37	4.07	3.02	3.35					
P13	3.49	4.68	4.6	4.98	2.66	2.72	2.59	3.33	3.22	5.31	3.78	3.19	1.38				
P14	3.82	5.56	5.43	5.39	3.06	3.27	3.11	3.61	3.58	5.25	4.21	3.92	1.48	1.4			
P15	3.82	5.7	5.02	3.56	2.66	2.07	3.89	4.47	5.07	5.86	4.97	3.74	2.89	2.54	2.44		
P16	3.84	5.43	4.36	3.2	2.24	2.26	3.58	4.14	4.82	4.27	4.42	4.39	3.54	4.04	4.19	3.09	
P17	6.04	7.62	6.14	2.44	4.82	4.42	6.68	7.09	8.1	7.49	7.25	5.83	6.65	6.67	6.91	5.11	5.06

第四节 讨论

沙柳是杨柳科柳属植物，全球共有520余种，中国有257种，天然生长环境下，极易发生种间属间的杂交，因此柳属植物存在较高变异和遗传多样性[196]。本书利用续九如[193]的巢式方差分析，将植物属、种、个体间分类嵌套的连续性原理应用在植物群体群体间、群体内和个体遗传变异分析中，可以有效地揭示群体间群体内的分化程度。巢式方差和单因素方差分析结果显示，沙柳9个表型性状在群体间和群体内存在显著差异。17个群体的叶片表型性状变异系数达到19.99% ~ 32.06%，其中叶面积变异系数（32.06%）和叶柄长变异系数（28.65%）最大，这与小果油茶（叶面积34.6%、叶柄长25.1%）[197]、蒙古栎（叶柄长41.72%）[198]和五角枫（叶面积26.64%、叶柄长32.9%）[199]叶面积和叶柄长变异系数最大的研究结果相同，表明叶面积和叶柄长变异幅度较大，丰富性较高，不同叶表型性状的变异也预示着沙柳在光能利用效率、水分利用效率以及生长势方面存在差异。

群体内不同无性系的选育是沙柳定向育种的主要研究方向。沙柳9个表型性状的平均分化系数为32.23%，高于青钱柳[200]（20.54%）、康定柳[201]（24.42%）、皂荚[202]（20. 42%）和白皮松[203]（22.8%）的表型研究结果；群体内的平均方差分量百分比（49.46%）高于群体间（16.17%），表明沙柳表型变异的主要来源是群体内的变异，这也与王源秀[204]等、韩彪等[205]报道的一般柳树群体内比群体间的遗传多样性丰富的结果相吻合；哈姆里克（Hamrick）[206]也指出，异花授粉物种的遗传变异主要发生在群体内，而自花授粉则相反。沙柳为雌雄异株，异花授粉的生物个体，世代间的基因交流呈现高度的杂合性，这是导致群体内分化程度高于群体间的主要原因。

遗传多样性高是沙柳适应性强的物质基础。沙柳9个表型性状的平均多样性指数为D=0.8969，I=2.5003，较梅花[207]（D=0.539，I=1.081）、叶用莴苣[208]（I=1.08）、岩陀[209]（I=1.36）等物种的多样性水平高。一般而言，遗传多样性越高，植物适应环境的能力也越强[210, 211]。沙柳虽然产于毛乌素沙地和库布齐沙漠，生于流动沙丘、半固定沙丘、固定沙丘以及沙丘间低地，但目前不仅在内蒙古自治区硬梁地、黄土地进行栽植，而且宁夏、甘肃、新疆也有引种栽培，充分体现了沙柳具有耐旱、耐寒、耐高温、耐沙埋、抗风蚀等较强的适应性，可适应不同的生长环境。

17个沙柳群体中，P3群体平均各性状的变异系数（28.79%）和多样性指数均较高（*D*=0.8399、*I*=1.8141、*H*=2.2655），是引种较为理想的种源区。

边缘群体的表型性状具有形成地理变异的趋势。沙柳为毛乌素沙地的特有种，呈现东北—西南向的分布格局（图2-2），主成分分析是将多个变量通过降维产生少数变量，却能尽可能代表原始变量的方法[212]，主成分分析表明叶面积、叶周长、叶长、叶柄长和叶宽对分组的贡献率较大，分组与聚类分析结果基本一致（图3-5、图3-7），巢式方差分析群体间平均值、多重比较（表3-6）和聚类结果（图3-6）一致表明分布区东北端P3和西端P17群体间表型差异不显著，具有叶片大，灌丛形态松散的特征；位于分布边缘东北端P1和P2群体间表型差异不显著，呈现叶片较大，灌丛较小且松散的特征；主成分和聚类图均表明表型与地理距离关联度较高，同时Mantel检验（*r*=0.313，P=0.005）也说明表型特征依据地理距离而聚类，对数量性状存在一定的影响。已有研究表明，地理距离与遗传距离并不一定相关，而有时边缘分布的群体更有易于分化，多数性状的地理变化规律存在不连续性[213]，张翠琴[199]等对五角枫种群研究中聚类分析同样表现出最南边和最北边聚为一类的现象。本书的实验材料P3和P17也分别位于分布区东北和西南边缘，同时调查中发现P3（巨石滩）P17（哈巴湖）生长环境较湿润。植物的高矮，叶片大小等营养性状的变化极易受到环境变化的影响，因此分为一组，可能是受到环境、气候、土壤等不同条件的影响以及植物对不同环境选择压而产生的结果，也可能是植株自身通过形态来适应环境多样性的结果，而究竟是生境问题还是起源问题，仍然需要在今后的调查中不断完善表型的调查，同时结合分子标记等研究寻找答案。

第五节　本章小结

（1）沙柳种质资源群体数量性状在群体间和群体内均具有丰富的表型变异，变异系数变化范围为13.93%～33.03%，其中叶面积（32.06%）和地径（33.03%）变异系数较大，性状离散程度较大；而分枝角度（13.93%）和株高（17.12%）变异系数较小，性状离散程度较小，表明性状较稳定。

（2）群体内不同无性系的选育是沙柳定向育种的主要研究方向。沙柳9个表型性状的平均分化系数达到32.23%，其中群体内的平均方差分量百分比（49.46%）高于群体间（16.17%），表明沙柳表型变异的主要来源是群体内，因此注重群体内无性系的保护收集是沙柳开发利用应关注的方向。

（3）遗传多样性高是沙柳适应性强的物质基础。沙柳9个数量性状的多样性指数分别为*D*=0.8969，*I*=2.5003，*H*=3.5106，其中分枝角度多样性指数最高（*D*=0.9302，*I*=2.7740，*H*=3.8936），说明分枝角度是具有选择潜力的表型性状；17个群体中，P3群体不仅多样性指数均较高（*D*=0.8399、*I*=1.8141、*H*=2.2655），变异系数也较大（28.79%），是引种较为理想的种源区。

（4）边缘群体的表型性状具有形成地理变异的趋势。主成分聚类分析一致表明，分布区东北边缘的P1、P2和P3和西南边缘的P17群体被分离出来，存在边缘分布的群体更易于分化的趋势。Mantel检验（r=0.313，P=0.005）表明，群体间的欧氏距离与其地理距离存在正相关关系，也表明地理分布距离对表型（数量）性状存在一定的影响。

第四章　种质资源遗传多样性

柳树在中国约有257种，122个变种，是广泛分布的阔叶落叶树种，雌雄异体，种内种间极容易发生杂交。柳树单倍染色体数为n=19，但多为多倍体，染色体数从$2n=2X=38$到$2n=12X=228$，在自然条件下多倍体在植物进化过程中起着重要的作用[214-216]。掌握沙柳染色体的倍性特征，对开展分子生物学研究是十分必要的，贾（Jia）[131]等采用流式细胞分析技术，首次报道沙柳的染色体核型为四倍体，并开发了沙柳EST-SSR引物，这为本书的研究奠定了良好的基础。因此，本章采用TP-M13-SSR荧光毛细管电泳自动检测法，借助四倍体共显性读峰法以及四倍体专用的软件对国家沙柳种质资源保存库17个群体的528份样本进行遗传多样性和群体遗传结构分析，为全面掌握国家沙柳种质资源库遗传变异特征，进一步筛选特异性条带及无性系鉴定提供基础，同时也为国家沙柳种质资源保存库的管理及优良栽培品种定向选育提供相应的理论依据。

第一节　材料与方法

一、材料

试验材料来源同第二章。测定样品抽取时为实现既能满足实验要求又经济的原则，抽样前对样本进行计算Shannon-Wiener多样性指数随样本数增加的累积曲线图（图4–1），结果表明随着每个群体样本数增加，当样本数增加至25个，Shannon多样性指数趋于平缓。因此，分子标记试验中，每个群体内无性系的无性系取样数定为大于等于25即可。

Shannon-Wiener多样性指数计算公式：

$$I=-\frac{1}{n}\sum_{i=1}^{n_i}\sum_{j=1}^{n_j}q_{ij}\ln q_{ij} \quad (4\text{–}1)$$

其中q_{ij}为第i个等位基因第j个分子标记基因型的频率，n_i为第i个位点分子标记基因型的数目，n为分子标记的位点数。

2015年5月，我们在国家沙柳种质资源内采集了与表型性状测定相同的17个沙柳群体中的528个无性系新鲜叶片作为测定样品。采样时选取生长良好、无病虫害的幼嫩叶片，用塑封袋装好并放入带冰的保温箱中带回实验室，-80℃低温冰箱中保存待用。

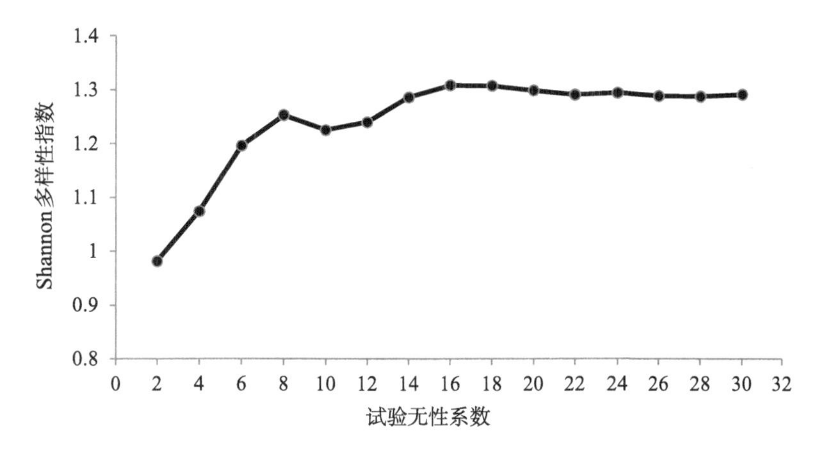

图 4-1 Shannon 多样性指数累积曲线

Fig.4-1 Shannon diversity index accumulative curve

二、方法

1. DNA提取

对17个群体的528个无性系沙柳基因组DNA用天根植物DNA试剂盒进行提取，提取后加入200 μl TE缓冲液进行稀释，用1.2%琼脂糖凝胶电泳和NanoDrop2000对其含量和纯度进行检测，将浓度调至50 ng · μL^{-1}，合格样品置于-20℃冰箱保存备用（图4-2）。

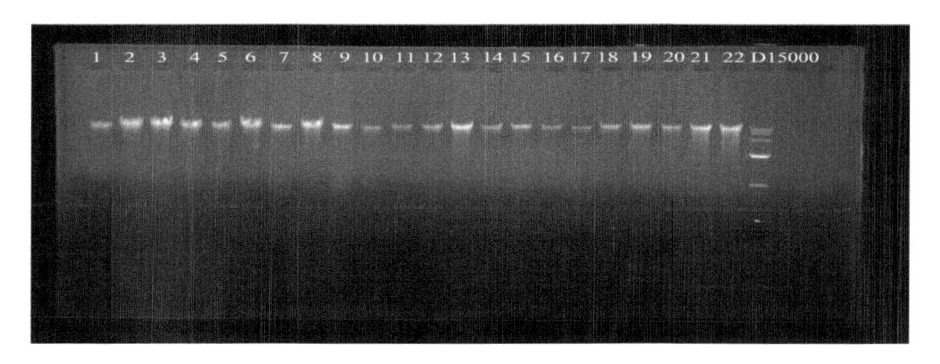

图 4-2 沙柳总 DNA 在 1.2% 琼脂糖凝胶中的电泳图谱

Fig.4-2 Genome DNA electrophoretic map based on 1.2% agarose gel of *S. psammophila*

2. SSR引物

引物来自转录组开发的核心沙柳引物[131]，从中筛选出稳定性好、多态性丰富的22对SSR引物在上海ThermoFisher公司合成，并进行IPAGE纯化（表4–1）。荧光引物M13在上海捷瑞生物工程有限公司合成，并进行PAG纯化。

表4–1　沙柳22对EST–SSR引物信息

Table 4–1　Information of EST- SSR primers in *S. psammophila*

引物名称	基序	序列（5'–3'）		等位基因大小 (bp)
c4	$(AG)_8$	F:CTTCCACATGCCTCTGACAA	R:TTGGACACAGACACGCTTTT	240-266
c16	$(TTC)_5$	F:CTTCTCGGCTTCAACTTTCG	R:ACAATTCCAATAACCCGCAG	211-238
c24	$(GT)_8$	F:ATGGAGATCAGCAGTGAGCC	R:TTGCTCTGGGGATTTTCTTG	257-281
c25	$(TG)_6$	F:TTCACGTCCTCTCTTTGCCT	R:CCTCTAGAGTGCTTGCAGGG	186-198
c46	$(TCC)_7$	F:TTCAAGCAAACGCCTTCTTT	R:TGAACAGTGGGACCAGATGA	206-227
c-49	$(TGG)_5$	F:GGAAGGGTTAGGGTTATGGG	R:TAAAACGGATACAGGGAGCG	178-199
c52	$(GA)_8$	F:CGTTGTGTGGATTGTTTTCG	R:TGGTGGAATCACCACTTCAA	216-246
c57	$(TTC)_5$	F:GCCCACCTACCTACAACGAA	R:TTTCTCCAGAGCTCCCTTCA	203-211
c59	$(TC)_7$	F:TGATAGGTGCGCAGTTTTTG	R:TCCGTACTTGCCGGTTTATC	240-272
c61	$(GA)_9$	F:GGGAGACTTGTGCGTTTGAT	R:AAAGCGTTCTGGTTTGGTAA	232-264
c69	$(GA)_8$	F:CGAAGTTCTTAAAACCATCA	R:CCCACTCCATCTCTGGATTC	237-269
c73	$(AC)_6$	F:TGAATTAGGGTTTCTCCCCC	R:AAAGCCTTCTGGGCTCTCTC	328-344
c74	$(GA)_7$	F:ATTGCCAATTGTCAGCTCCT	R:AACCATGCCCACAAGAAAAG	284-294
c76	$(AC)_8$	F:GTCATTTCATCCCTGGCTGT	R:ACCAAAGTTTCCTGACCCG	239-267
c77	$(AG)_8$	F:ATCAGTCCTTTTTCGGCCTT	R:CACTCTCCCGGATCACATTT	182-204
c90	$(CT)_8$	F:GCGAAGAAAACAAGTCTCGG	R:CTTGTTGCGTGGTCTTGAAA	290-304
c96	$(CT)_8$	F:GGAGATTGTGGAGAAGCAGC	R:AAAAACCCTCCCAAACCATT	206-220
c97	$(GA)_8$	F:ACCGTTTCATTAACCGCTCC	R:AGAAATCACGCCTCTCTCCA	272-306
c99	$(GTA)_7$	F:CCCATGGCTTTGTCAGATTT	R:CCGCTTGTCCCTACACTCAT	248-283
c100	$(TGG)_6$	F:TCCTTCTCCGCATCATCTCT	R:CACGAGTCATCACCAAATCG	290-305
c112	$(ATC)_6$	F:CCAAAGGCCAAACTGTTGTT	R:TCTCAAGATGCTGCTTCCCT	311-359
c115	$(TTA)_7$	F:TTGCTTCCTTCCTTCCTTGA	R:GGTTTGGCCTGGTTTTAGGT	200-221

3. PCR扩增及毛细管电泳

参照TP-M13-SSR毛细管电泳荧光检测法进行PCR扩增。分别设计带有荧光标记的M13（5'-TGTAAAACGACGGCCAGT-3'）引物、5'接有M13序列的SSR正向F引物和SSR反向R引物。PCR反应体系总体积为20 μL：2 μL DNA模板（50 ng/μl），2 μL 10×buffer，1.6 μL dNTP（2.5 mM/ml），Mg^{2+}1.2 μL（13.9 mM/ml），rTaq0.2 μL（2.5 U/μl），引物F 0.2 μL（10 nmol/μl），引物R 0.8 μL（10 nmol/μl），M13 0.8 μL（10 nmol/μl），ddH_2O 11.2 μL。扩增程序为：94 ℃预变性5 min；94 ℃变性30 s，57 ℃退火30 s，72 ℃延伸30 s，30个循环；94 ℃变性30 s，53 ℃退火30 s，72 ℃延伸30 s，8个循环；最后72 ℃再延伸10 min，4 ℃保存。产物由DNA分析仪（ABI，3730XL，Applied Biosystems，USA）进行检测带有荧光标记的SSR扩增产物，进行毛细管电泳。

第二节　数据统计与分析

一、四倍体峰图读取

用Gene Marker v2.2.0软件参照MAC-PR[217]的方法对位点的峰面积进行比对读取峰图（图4–3），校验峰图并建立原始数据矩阵。

二、数据分析

使用AUTOTET四倍体分析软件[218]分别计算等位基因数（A）、每个个体在每个位点上的等位基因数（A_i）、观察杂合度（H_o）、期望杂合度（H_e）、四倍体基因型丰富度（G）、固定指数（F）；参照梁玉琴等[130]的方法，计算四倍体带型特异基因型个数（G_1）（带型组合仅出现一次的基因型组合）、特异基因型比率（P_1）和单引物种质鉴别率（P_2）。

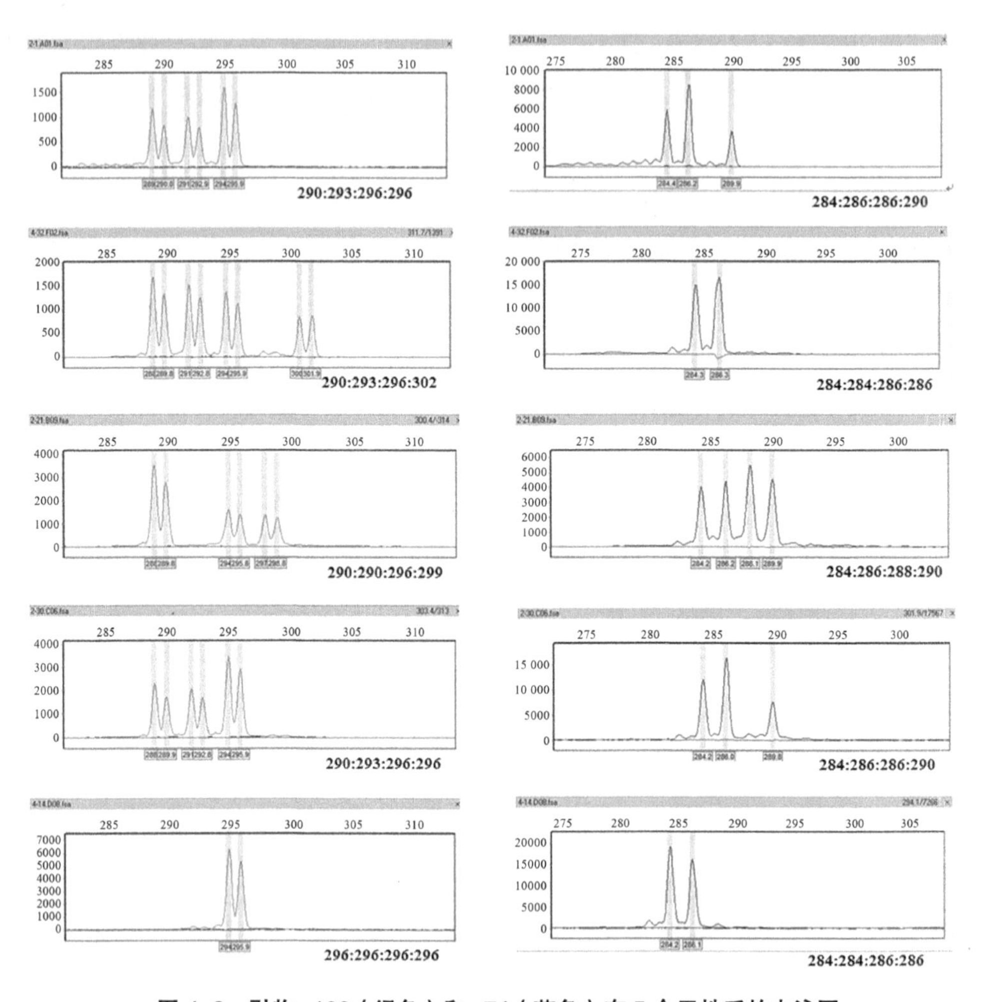

图 4–3　引物 c100（绿色）和 c74（蓝色）在 5 个无性系的电泳图

Fig.4–3　Primer c100（green）and c74（blue）in five clones electropherograms

注：横坐标为扩增片段大小，纵坐标为荧光强度。

特异基因型比率（P_1）=特异基因型（G_1）/总共出现的基因型（G）× 100%　　(4–2)

单引物种质鉴别率（P_2）=特异基因型（G_1）/个体数（N）× 100%　　(4–3)

采用范英明等[219]计算总群体遗传多样度（H_t）、群体内遗传多样度（H_s）、群体间遗传多样度（D_{st}）和遗传分化系数（G_{st}）；利用PIC[220]和DPS[221]软件计算多态信息含量PIC值和Shannon指数（I），使用GenALEx6.41[222]软件进行分子差异分析，估算遗传变异在群体内、群体间的分配情况；通过GenALEx6.41[222]进行PCoA分析，用R语言绘制三维主坐标分析图，利用POPULATIONS v.1.2计算群体间Nei's[223]遗传距离，用MEGA6[224]绘制聚类图，利用Stucture2.3.4[225]基于贝叶斯算法分析群体遗传结构，设定组群数K为1至9，重复数为20，将MCMC参数设为1万次，通过Structure Harvester 在线软件（http://taylor0.biology.ucla.edu/structureHarvester/），计算出最优k值。利用IBD1.52软件对地理距离与遗传距离进行Mantel检验。

第三节　结果与分析

一、沙柳遗传多样性

22对EST-SSR引物对17个群体的528个无性系的DNA进行PCR扩增，毛细管电泳检测到235个等位基因（178-359bp），平均每个位点的等位基因数为10.68，其中c25和c57位点等位基因数最少（5个），c59位点等位基因数最多（19个）；22对引物共得到2160个四倍体基因型（G）组合，特异基因型（G_1）总数为1145个，平均每对引物52.04，特异基因型（G_1）最多的是引物c59（191个），最少的是引物c25（2个）；特异基因型比率（P_1）平均为43.83%，最高的是引物c59（68.21%），最低的是引物c25（22.22%）；种质鉴别率（P_2）平均为10.30%，引物c59最高（38.74%），引物c25最低（0.39%）；PIC多态信息含量变幅为0.35 ~ 0.87（表4–2）。

17个群体中，去除实验处理中缺失及峰图不好的样本，实际每个群体分析样本量（N）平均为28.19，每个位点等位基因数(A)平均为7.12，P7最高为8.36，P2最小为5.36；每个个体在每个位点的平均等位基因数（A_i）变幅较小，P13群体最大为2.45，而P2群体最小为2.11，17个群体平均为2.21；PIC多态信息含量变化范围为0.51（P17） ~ 0.63（P3、P11、P12和P13），平均为0.57；基因型丰富度（G）变幅为6.96（P2） ~ 18.14（P7），平均为14.23；平均期望杂合度（H_e= 0.61）略较高于平均观察杂合度（H_o= 0.57），具有较高杂合性。以期望杂合度（H_e）为标准，沙柳17个群体间的遗传多样性水平由低到高的顺序依次为P17<P2<P1=P16<P4=P8=P9=P14=P15<P5=P7=P10<P6<P3=P11=P12=P13（表4–3），呈现分布区最东北端P1、P2和最西南端P16、P17群体遗传多样性相对于分布区中间群体较低的趋势。

表 4-2 SSR 引物扩增产物多态性

Table.4-2 Amplified polymorphism of SSR primer pairs

引物	A	A_i	G	G_1	P_1/%	P_2/%	PIC
c4	12	2.42	116	60	51.72	11.98	0.64
c16	8	2.17	33	12	36.36	2.28	0.50
c24	14	2.82	140	75	53.57	14.56	0.74
c25	5	1.84	9	2	22.22	0.39	0.36
c46	8	2.50	64	23	35.94	4.57	0.61
c49	8	1.95	35	14	40.00	2.77	0.44
c52	17	2.13	134	77	57.46	15.19	0.60
c57	5	1.77	12	3	25.00	0.57	0.35
c59	19	3.33	280	191	68.21	38.74	0.87
c61	16	2.79	194	113	58.25	21.77	0.82
c69	16	2.70	244	151	61.89	29.32	0.87
c73	9	2.24	105	48	45.71	9.58	0.71
c74	6	2.39	37	7	18.92	1.33	0.59
c76	14	2.55	121	65	53.72	12.65	0.65
c77	9	2.28	72	33	45.83	6.26	0.57
c90	7	1.65	41	13	31.71	2.92	0.65
c96	8	2.08	46	15	32.61	2.90	0.51
c97	17	2.02	141	92	65.25	19.09	0.63
c99	11	2.35	142	75	52.82	14.79	0.78
c100	6	2.30	35	12	34.29	2.29	0.56
c112	12	2.57	103	51	49.51	10.02	0.68
c115	8	2.23	56	14	23.21	2.59	0.62
平均	10.68	2.32	98.18	52.04	43.83	10.30	0.62
合计	235.00	51.06	2160.00	1145.00	-	-	-

二、沙柳群体遗传分化

遗传多样度是衡量遗传多样性的指标，22对引物的总遗传多样度平均为0.665，其中群体内遗传多样度平均为0.643，而群体间多样度平均值仅为0.022，表明沙柳的遗传变异主要来自于群体内。22对引物中，c69检测获得的总遗传多样度最高（H_t=0.884），c57最低（H_t=0.423）；17个群体内基因多样度H_s最高的是c69

（H_s=0.853），c57最低（H_s=0.417）；基于群体间和群体内遗传多样度计算获得遗传分化系数（G_{st}）能够衡量同一物种群体间的基因分化程度，变化范围为0～1，值越大分化也越大[226]。22对引物的平均遗传分化系数（G_{st}）为0.032，表明群体间遗传分化程度占总分化程度的3.2%，大部分遗传变异来自群体内；c73引物遗传分化程度最大，遗传分化系数G_{st}为0.086，c100引物遗传分化程度最小，分化系数G_{st}为0.012，遗传分化系数在各个引物之间变化幅度较小（表4-4）。

表4-3　22对引物在17个沙柳群体的遗传多样性参数

Table.4-3　22 pairs of primers of 17 populations diversity parameters in *S. psammophila*

群体	*N*	*A*	*Ai*	*G*	H_o	H_e	*F*	PIC
P1	29.32 ± 0.78	6.41 ± 2.92	2.36 ± 0.50	8.59 ± 3.43	0.61 ± 0.17	0.63 ± 0.16	0.03 ± 0.1	0.59 ± 0.16
P2	30.73 ± 2.43	5.36 ± 2.32	2.11 ± 0.58	6.96 ± 2.06	0.53 ± 0.23	0.58 ± 0.17	0.08 ± 0.14	0.53 ± 0.17
P3	29.59 ± 0.8	8.05 ± 3.26	2.43 ± 0.46	17.68 ± 6.8	0.62 ± 0.14	0.68 ± 0.12	0.08 ± 0.11	0.63 ± 0.14
P4	30.68 ± 1.62	7.82 ± 3.50	2.23 ± 0.36	17.46 ± 7.12	0.57 ± 0.12	0.65 ± 0.13	0.12 ± 0.09	0.60 ± 0.15
P5	30.14 ± 3.27	8.05 ± 3.39	2.29 ± 0.39	17.86 ± 7.13	0.59 ± 0.12	0.65 ± 0.12	0.10 ± 0.10	0.61 ± 0.14
P6	29.05 ± 0.84	8.05 ± 3.65	2.40 ± 0.43	16.46 ± 6.17	0.62 ± 0.14	0.67 ± 0.13	0.08 ± 0.11	0.62 ± 0.14
P7	30.59 ± 1.56	8.36 ± 3.50	2.27 ± 0.47	18.14 ± 7.25	0.58 ± 0.16	0.65 ± 0.15	0.11 ± 0.11	0.61 ± 0.16
P8	29.91 ± 1.72	7.59 ± 2.89	2.24 ± 0.4	16.77 ± 6.64	0.58 ± 0.14	0.65 ± 0.12	0.11 ± 0.10	0.60 ± 0.14
P9	29.46 ± 0.91	7.27 ± 3.07	2.33 ± 0.41	14.09 ± 4.67	0.60 ± 0.15	0.64 ± 0.13	0.07 ± 0.11	0.60 ± 0.14
P10	32.05 ± 1.53	7.55 ± 3.04	2.31 ± 0.4	17.59 ± 6.19	0.6 ± 0.13	0.65 ± 0.12	0.09 ± 0.09	0.61 ± 0.13
P11	29.27 ± 1.70	7.82 ± 3.17	2.4 ± 0.42	18.00 ± 6.71	0.62 ± 0.14	0.67 ± 0.13	0.07 ± 0.09	0.63 ± 0.15
P12	27.41 ± 2.56	7.73 ± 2.83	2.43 ± 0.42	15.59 ± 4.91	0.63 ± 0.13	0.67 ± 0.12	0.06 ± 0.07	0.63 ± 0.14
P13	28.73 ± 1.16	7.82 ± 3.66	2.45 ± 0.50	15.5 ± 5.43	0.63 ± 0.15	0.67 ± 0.12	0.07 ± 0.10	0.63 ± 0.14
P14	30.59 ± 1.68	7.59 ± 3.02	2.29 ± 0.44	15.14 ± 5.41	0.59 ± 0.15	0.64 ± 0.13	0.08 ± 0.09	0.60 ± 0.15
P15	30.86 ± 1.94	7.68 ± 3.36	2.31 ± 0.42	17.46 ± 7.27	0.59 ± 0.13	0.64 ± 0.12	0.08 ± 0.07	0.60 ± 0.14
P16	30.05 ± 2.85	7.27 ± 3.06	2.24 ± 0.39	12.91 ± 4.17	0.57 ± 0.14	0.63 ± 0.14	0.09 ± 0.10	0.59 ± 0.15
P17	29.64 ± 0.79	5.50 ± 2.37	2.39 ± 0.64	6.68 ± 3.03	0.62 ± 0.22	0.56 ± 0.17	-0.09 ± 0.1	0.51 ± 0.17
平均	28.19 ± 7.14	7.12 ± 1.30	2.21 ± 0.46	14.23 ± 4.25	0.57 ± 0.11	0.61 ± 0.13	0.07 ± 0.05	0.57 ± 0.12

注：*N*为实际分析样本数；*A*为等位基因数；A_i为每个个体在每个位点上的等位基因数；*G*为四倍体基因型丰富度；H_o为观察杂合度；H_e为期望杂合度；*F*为固定指数($F=1-H_o/H_e$)。

沙柳17群体AMOVA分子变异分析表明，不同群体间变异达到显著水平(P<0.01)，群体间方差平方和仅为734.244，群体内方差平方和为8151.820，总变异方差平方和为8886.064；群体间变异仅为6%，群体内变异为94%，表明沙柳遗传变

异主要来自于群体内不同的无性系间（表4–5）。

三、沙柳主坐标分析和聚类分析

GenALEx6.41对沙柳17个群体528个无性系进行主坐标分析（PCoA），用R语言程序包（scatterplot 3d）绘制三维主坐标分析图（图4–4）呈现分布区东北端（内蒙古达拉特旗）P1和P2群体和分布区西南端（宁夏回族自治区）P16和P17群体出现离群样本（无性系），表明在这些群体中存在具有特殊特性的个体（无性系）；可能是环境变化造成了其特殊的变化；分布区中心的群体之间存在大量的重叠，说明这些群体的个体（无性系）之间存在大量的杂交事件，谱系比较混杂，没有形成离群特殊的个体。

表 4–4　17 个沙柳群体的遗传分化

Table.4–4　Genetic differentiation of 17 populations in *S. psammophila*

引物名称	总基因多样 H_t	群体内基因多样度 H_s	群体间基因多样 D_{st}	遗传分化 G_{st}
c4	0.658	0.632	0.026	0.039
c16	0.542	0.535	0.007	0.013
c24	0.761	0.746	0.015	0.020
c25	0.460	0.447	0.013	0.029
c46	0.664	0.655	0.009	0.013
c49	0.475	0.450	0.025	0.053
c52	0.615	0.601	0.014	0.023
c57	0.423	0.415	0.008	0.019
c59	0.876	0.852	0.024	0.027
c61	0.840	0.817	0.023	0.027
c69	0.884	0.853	0.031	0.035
c73	0.745	0.681	0.064	0.086
c74	0.653	0.633	0.020	0.031
c76	0.696	0.680	0.016	0.024
c77	0.596	0.579	0.017	0.029
c90	0.696	0.661	0.035	0.051
c96	0.568	0.546	0.022	0.039
c97	0.649	0.630	0.019	0.030
c99	0.801	0.770	0.031	0.038

续　表

引物名称	总基因多样 H_t	群体内基因多样度 H_s	群体间基因多样 D_{st}	遗传分化 G_{st}
c100	0.620	0.613	0.007	0.012
c112	0.720	0.709	0.011	0.015
c115	0.680	0.645	0.035	0.051
平均	0.665	0.643	0.022	0.032

表 4–5　沙柳 AMOVA 分析

Table.4–5　Analysis of molecular variance of 17 populations in *S. psammophila*

变异来源	自由度	方差平方和	估计方差	变异百分比	统计量	P值
群体间	16	734.244	0.964	6%	PhiPT=0.057	< 0.01
群体内	511	8151.82	15.953	94%		
总变异	527	8886.064	16.917	100%	Nm=4.137	

注：PHiPT=AP/(WP+AP)=AP/TOT；AP为群体间估计方差；WP为群体内估计方差；AR为组间估计方差；采用99次重复置换排列进行显著性检验（显著水平P<0.01）。

使用POPULATIONS v.1.2软件分别计算528个无性系间和17个群体间的遗传距离（表4–6），利用MEGA3.1使用Neighbor joining方法分别绘制沙柳528个无性系的SSR聚类图（图4–5）和17个群体的SSR聚类图（图4–6）。聚类结果均与主坐标分析相同，即P1和P2，P16和P17明显的分离出来，呈现离群现象。此外，17群体SSR聚类结果表明，分布区西南端P16群体（宁夏盐池骆驼井）和P17个群体（宁夏哈巴湖）与其余群体遗传距离相对最远，位于分布区中部南端的P9群体（鄂托克前旗城川）首次被分离出来，但在表型分析以及528份无性系SSR主成分和聚类分析中均未被明显分离出来，形成原因仍需要更多更深入的生物学及遗传学分析来探明。

采用IBD1.52对群体间地理距离与遗传距离进行Mantel检验，结果表明相关系数r=0.404（P<0.001）相关极显著，呈现正相关趋势（图4–7），表明沙柳遗传距离与地理距离也存在关联，地理分布对遗传变异有显著的影响，与表型变异相比更为明显。

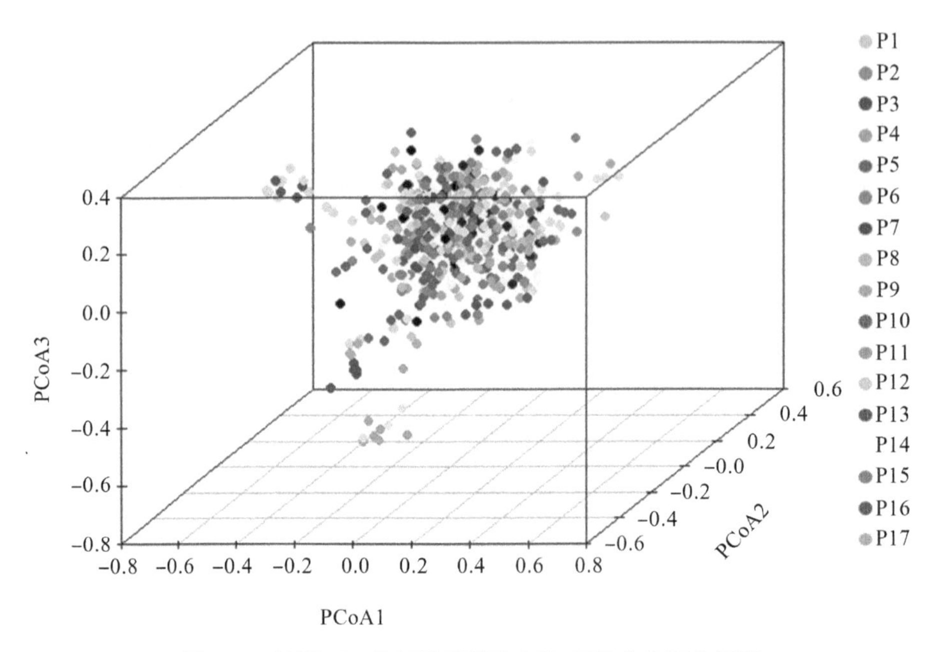

图 4–4 沙柳 528 份无性系基于 SSR 三维主坐标分析图

Fig.4–4 Three-dimensional principal coordinate analysis of the 528 *S. psammophila* genets based on SSR

四、沙柳群体遗传结构分析

利用Structure2.3.1软件，基于贝叶斯数学模型分析由528份材料构成的自然群体结构，设定组群数*K*为1至15，重复数为20，将MCMC参数设为1万次。通过Structure Harvester在线软件计算当Delta值最大时，即对应的k值为最优分组数，为2组（图4–9）。当*k*=2时，17个群体被分为红绿两组（图4–8），P1、P2、P9、P16和P17群体中个体在第一组，绿色所占的比例居高，而其余群体中个体被分到第二组，红色的比例居高，分组结果与聚类和三维主成分分析结果基本一致。

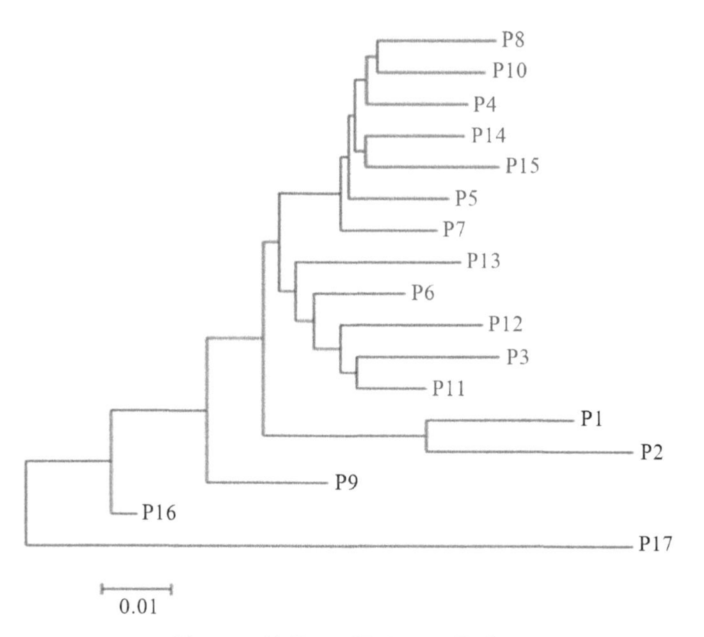

图 4–5　沙柳 17 居群 SSR 聚类图

Fig.4–5 Neighbor joining phylogenetic tree of the 17 populations in *S. psammophila* genets based on SSR

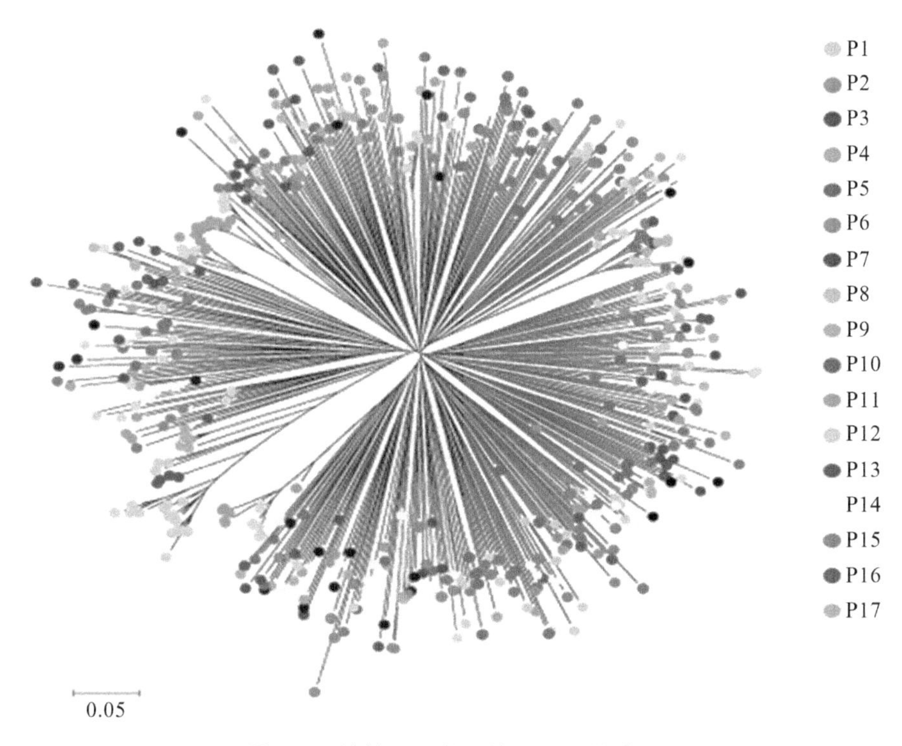

图 4–6　沙柳 528 份无性系 SSR 聚类图

Fig.4–6　Neighbor joining phylogenetic tree of the 528 *S. psammophila* genets based on SSR

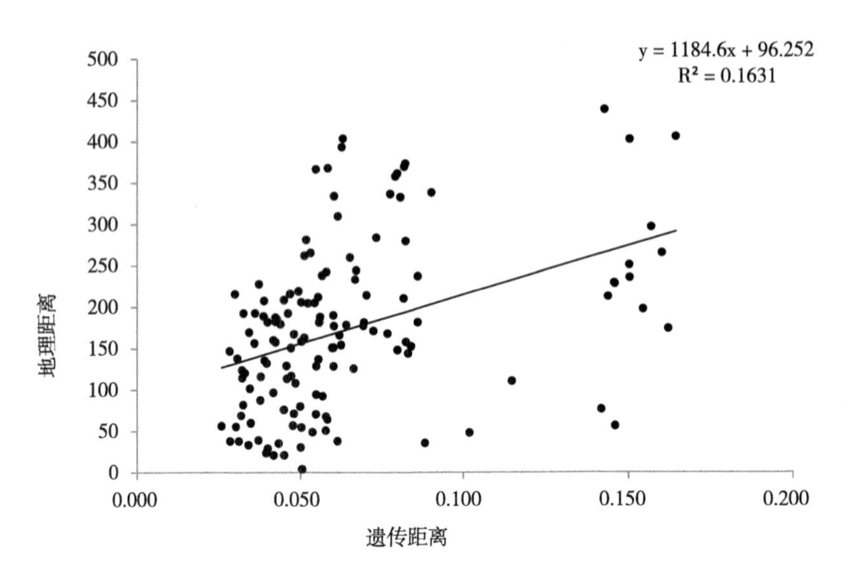

图 4-7　沙柳居群间地理距离与欧氏距离相关关系

Fig.4-7　Relationship of geographic distance and euclidean distance

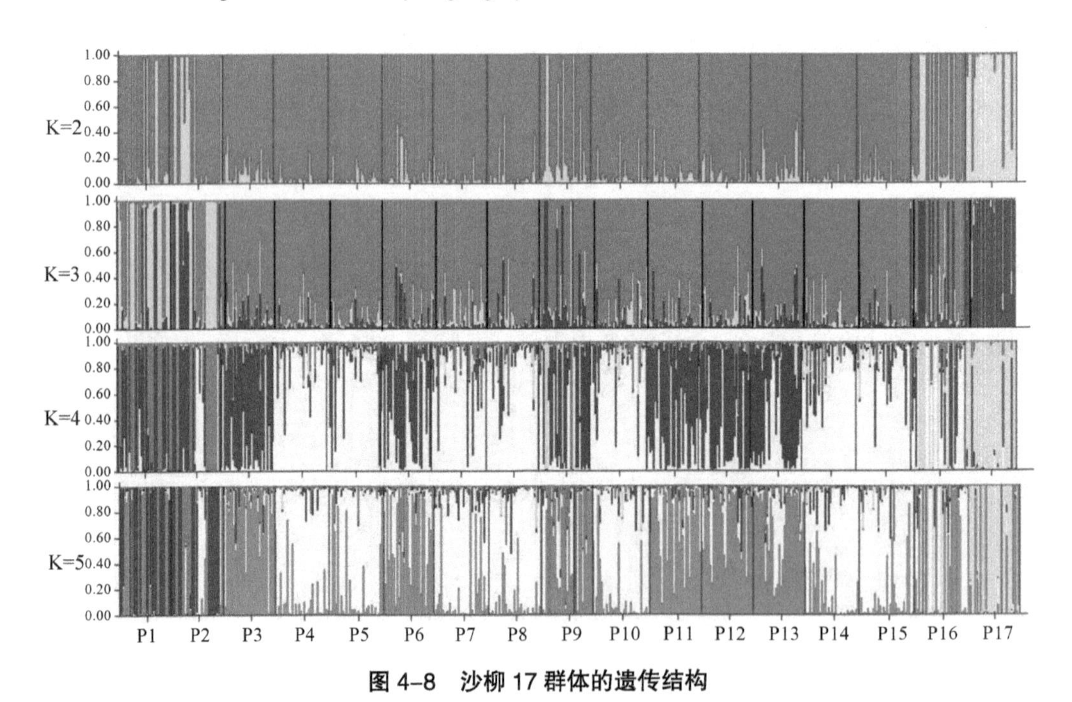

图 4-8　沙柳 17 群体的遗传结构

Fig.4-8　The genetic structure of 17 populations of *S. psammophila*

表 4–6 17 群体沙柳 Nei's 遗传距离矩阵

Table.4–6 Pairwise comparison of Nei's genetic distance among populations in *S. psammophila*

	平均	P1	P2	P3	P4	P5	P6	P7	P8	P9	P10	P11	P12	P13	P14	P15	P16
P2	0.051	0.051															
P3	0.075	0.061	0.088														
P4	0.074	0.083	0.080	0.060													
P5	0.058	0.077	0.073	0.052	0.030												
P6	0.054	0.063	0.082	0.039	0.042	0.043											
P7	0.049	0.069	0.070	0.055	0.031	0.028	0.039										
P8	0.052	0.082	0.070	0.067	0.032	0.035	0.048	0.034									
P9	0.060	0.060	0.090	0.055	0.060	0.056	0.040	0.050	0.066								
P10	0.050	0.081	0.078	0.058	0.033	0.034	0.044	0.036	0.032	0.058							
P11	0.049	0.064	0.086	0.030	0.045	0.045	0.026	0.049	0.055	0.043	0.048						
P12	0.054	0.060	0.084	0.042	0.060	0.057	0.038	0.055	0.060	0.053	0.058	0.032					
P13	0.054	0.067	0.086	0.051	0.055	0.047	0.042	0.050	0.058	0.046	0.056	0.040	0.045				
P14	0.048	0.082	0.073	0.062	0.031	0.028	0.039	0.032	0.038	0.058	0.034	0.042	0.057	0.054			
P15	0.050	0.082	0.082	0.063	0.037	0.039	0.047	0.036	0.042	0.050	0.037	0.050	0.052	0.051	0.033		
P16	0.055	0.079	0.080	0.063	0.049	0.046	0.054	0.042	0.047	0.048	0.040	0.056	0.065	0.062	0.046	0.050	
P17	0.146	0.150	0.164	0.143	0.160	0.150	0.150	0.146	0.154	0.115	0.142	0.146	0.157	0.144	0.162	0.146	0.102

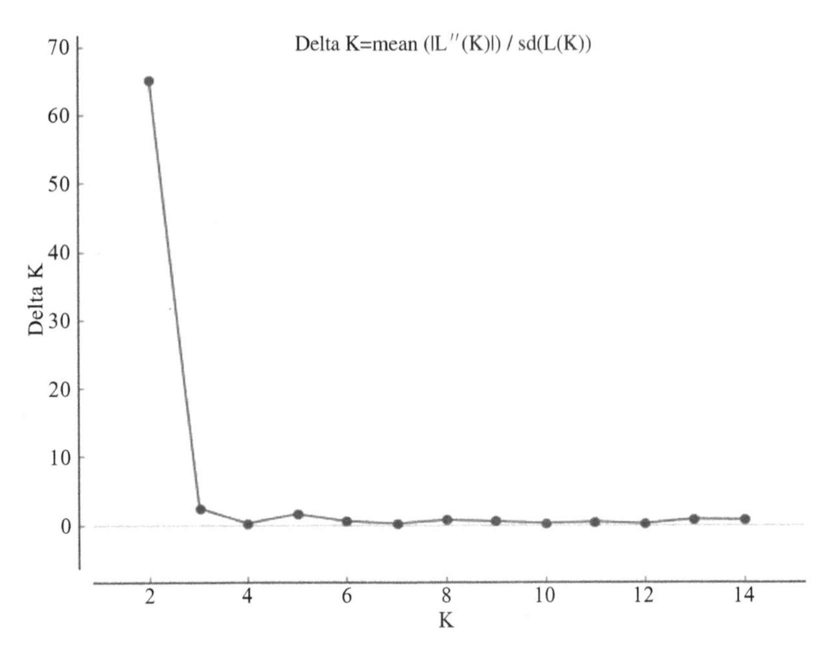

图 4-9 最优 K 值选择方法

Fig.4-9 Method for determining optimal K value

表 4-7 沙柳无性系特异性分析

Table.4-7 Specificity analysis of *S. psammophila*

群体	相同无性系编号			
P1	2	10		
	11	27		
	16	24		
P2	31	32	33	60
	34	35	41	
	36	37		
	38	39		
	44	45		
	55	56	57	58
P17	511	517		
	525	528		

五、沙柳无性系特异性分析

对528份沙柳筛选相同带型的无性系进行特异性分析结果表明（表4–7），群体P1中2号与10号、11号与27号、16号与24号三组无性系带型相同，为重复无性系；群体P2中存在六组相同无性系，群体P3中511号与517号、525号与528号两组重复无性系。结果表明沙柳P1、P2和P17群体所在种源地内蒙古达拉特旗乌兰壕、保绍圪堵和宁夏哈巴湖林场可能相对造林频繁，扩繁现象明显，无性人工造林较多，造成群体内存在相同无性系的现象；也可能是P1、P2和P17群体在采样过程中株距间隔较小，采样过程选择了重复无性系。

第四节　讨论

本书使用的SSR引物表现出良好的多态性，在检测到的2160个四倍体基因型组合中，平均特异基因型比率（P_1）高达43.83%，平均种质鉴别率（P_2）达10.30%（表4–2）。c59、c61、c69引物的特异带型组合较多，种质鉴别率达20%以上，如果与表型性状研究相结合，可能会在沙柳种质资源无性系鉴定、品种选育与鉴定及构建指纹图谱等方面发挥更大作用。c25、c57、c74引物的特异带型组合较少，种质鉴别率在2%以下，PIC多态信息含量相对较少，可选择性使用。

采用SSR分子标记检测到的沙柳17个群体杂合度（H_o=0.57，H_e=0.61）与其他柳树树种的研究结果一致。伯林（Berlin）等[227]用38对SSR引物对分布在欧洲的蒿柳（*Salix viminalis*）365份样本进行扩增，平均每个引物有13.46个等位基因（H_o=0.55，H_e=0.62）；特里布什（Trybush）等[228]用38对SSR引物扩增分布在捷克的84个个体蒿柳（*Salix viminalis*），平均每个引物有6.95个等位基因（H_o=0.5，H_e=0.65）；黄花柳[229]在21个地区183个个体研究中，平均每个引物有10个等位基因（H_o=0.58，H_e=0.65），也较高于四倍体*Limonium narbonense*[230]报道的杂合度（H_o=0.446，H_e=0.544），表明柳树的杂合度相对较高。PIC多态信息含量能反映某一群体遗传多样性的丰富程度，沙柳17个群体平均PIC为0.57，高于华北落叶松（*Larix principis rupprechtii*）[231]（PIC=0.380）和白芨（*Bletilla striata*）（PIC=0.548）[232]，表明沙柳具有较丰富的遗传多样性。一般而言，植物遗传多样性越高，适应环境的能力越强，沙柳产于毛乌素沙地和库布其沙漠，丰富的遗传多样性是其具有耐旱、耐寒、耐高温、耐沙埋和抗风蚀等较强的适应性机制的分子基础。

沙柳群体的分化系数（G_{st}）为0.032（表4–4），高于华北落叶松优树群体的分化系数（G_{st}=0.026）[231]和华北落叶松天然群体的分化系数（G_{st}=0.028）[219]，低于张玲等[233]用Nei's指数计算的灰叶胡杨的分化系数（G_{st}=0.171）；分子AMOVA变异分析表明沙柳群体内变异占总变异的94%（表4–5），高于蒿柳（*Salix viminalis*）（92.3%）[228]和黄花柳（91.47%）[229]，也高于新疆灰叶胡杨（88%）[233]和小叶杨（*Populus simonii*）（85.97%）[234]，这与王源秀[235]、韩彪等[236]报道的一般柳树群体内比群体间遗传多样性丰富的结果相吻合。遗传分化分析（表4–4）和分子AMOVA变异分析一致表明，沙柳变异主要发生在群体内无性系间。Hamrick[206]指出，异花授粉物种的遗传变异主要发生在群体内，沙柳为雌雄异体的异花授粉植物，世代间的基因交流导致了高度的杂合性，从而提高了群体内的遗传多样性，降低了群体间的分化程度。同时天然沙柳主要分布在毛乌素沙地，测定群体中最远群体间（P3与P17）地理距离为438.48 km，地理隔离程度相对较低，并多呈现连续分布，有利于花粉传播（基因交流），可能导致群体内的变异增加。

沙柳528份无性系三维主坐标、聚类结果表明（图4–4、图4–5），17个群体中P1和P2群体，P16和P17群体无性系出现明显离群现象；沙柳17群体聚类结果表明，沙柳P9、P16和P17分别单独为一组，P1和P2群体为第四组，剩余群体为第五组，大部分群体按照地理分布优先聚为一类。Structure群体结构分析（图4–8）以及Mantel检验的结果一致，表明沙柳遗传距离与地理距离显著相关（r=0.404 $P<0.001$）。贾（Jia）等[131]研究也发现边缘群体分离的现象，这也与第二章沙柳表型多样性研究中的结果一致[237, 238]。沙柳17个群体遗传多样性参数（表3–4）表明，P1、P2和P17的基因型丰富度（G）、PIC均最低，同时等位基因数（A）和每个个体在每个位点上的等位基因数（A_i）也是最少。边缘群体扩张速度相对中心较慢，可能会造成边缘群体等位基因条带缺失，遗传多样性参数偏小，仍有待进一步研究探讨沙柳分布区群体结构特征和谱系地理分布格局。

第五节　本章小结

（1）22对SSR引物共检测到235个等位基因，各位点平均等位基因数(A)为10.68，四倍体基因型丰富度（G）和特异基因型（G_1）总和分别为2160和1145个，平均特异基因型比率（P_1）和种质鉴别率（P_2）分别为43.83%和10.30%。

（2）528份无性系中检测到15个带型相同的无性系；17个群体平均等位基因数（A）为7.12，基因型丰富度（G）为14.23，观察杂合度（H_o）和期望杂合度（He）分别为0.57和0.61。以期望杂合度H_e为标准，沙柳边缘群体（P1、P2和P17）遗传多样性水平最低。沙柳种质资源丰富的遗传多样性是其具有耐旱、耐寒、耐高温、耐沙埋和抗风蚀等较强的适应性的分子基础。

（3）沙柳群体遗传分化系数仅为0.032，AMOVA分子变异分析表明沙柳群体大部分遗传变异来自群体内，为96%，群体间变异仅为4%。沙柳的遗传变异主要集中在群体内。

（4）三维主坐标、聚类和Structure群体遗传结构分析表明17个群体被划分为五组，Mantel检验表明沙柳遗传距离与地理距离显著相关(r=0.404，P<0.001)。边缘群体发现分离的现象，推断分布区呈现由中心向边缘群体扩张分化的趋势。

（5）沙柳无性系特异性分析结果表明，528份无性系中P1、P2和P17群体中存在少量重复无性系样本，群体所在种源地内蒙古达拉特旗乌兰壕、保绍圪堵和宁夏哈巴湖林场可能造林相对频繁，无性人工造林较多。

第五章　种质资源指纹图谱构建

SSR标记具有稳定性和重复性较好的优势，多数树种特有引物的开发，SSR指纹图谱（fingerprint）在植物鉴定中得到广泛应用[239-242]。相比聚丙酰胺凝胶电泳技术，毛细管电泳技术分辨率更高（可达到1bp），更适用于构建指纹图谱。但常规毛细管电泳技术扩增产物时荧光标记费用较高，舒尔克（Schuelke）[128]等改进的TP-M13-SSR技术大大降低了荧光标记的费用，使毛细管电泳荧光检测PCR-SSR扩增片段在标准指纹图谱构建中得到广泛应用[243]。因此，本章研究利用SSR分子标记和TP-M13-SSR技术，以267份沙柳无性系为试验材料，采用特征谱带法和引物组合法，构建沙柳无性系分子指纹图谱，为沙柳种质（无性系）鉴定和管理提供理想的遗传工具，也为育种中知识产权的保护与仲裁提供可靠的理论依据。

第一节　材料与方法

一、材料

沙柳材料同第三章SSR分析的528份无性系样本，按照每一对引物无空带和无相同无性系原则，依据PCR-SSR产物带型对构建DNA指纹图谱的无性系进行筛选，最后筛选出261份无性系。

二、图谱构建方法

以22对引物获得的沙柳四倍体带型为基本数据源，使用PIC0.6软件计算每对引物的多态信息含量PIC值，按史密斯（Smith）等[244]方法计算标记索引指数MI值。

MI值计算公式：MI=等位基因数目 ×PIC　　　　（5–1）

使用MATLAB软件，编辑代码按照“特异带型法”对每对引物特异基因型（G_1）和总共出现的基因型（基因型丰富度G）分别进行筛选、统计，计算引物特异基因型比率（P_1）和单引物种质鉴别率（P_2）。

特异基因型比率（P_1）=特异基因型（G_1）/总共出现的基因型（G）×100%　　（5-2）

单引物种质鉴别率（P_2）=特异基因型（G_1）/个体数（N）×100%　　（5-3）

使用MATLAB软件编辑代码对22对引物按照“引物组合法”对引物进行随机组合统计，组合方式为C_{22}^{2}、C_{22}^{3}、C_{22}^{4}……C_{22}^{22}，分别计算每种不同引物数组合的组合引物特异基因型（GC_1）进行筛选、统计，计算组合引物种质鉴别率（PC_2）。

组合引物种质鉴别率（PC_2）=组合引物特异基因型（GC_1）/个体数（N）×100%　　（5-4）

以“使用最少引物，鉴别最多无性系”为原则，选择最优核心引物组合构建沙柳无性系指纹图谱。

第二节　结果与分析

一、引物扩增多态性

22对SSR引物在扩增过程中均表现出较好的多态性，每个引物平均每个位点等位基因数（A）为10.41，合计为229个等位基因；22对引物基因型丰富度（G）变化范围为9(H)～176(I)，22对引物平均基因型丰富度（G）为68.36，合计1504个基因型；22对引物特异基因型（G_1）变化范围为1(H)～135(I)，平均特异基因型（G_1）为38.55，共有848个特异基因型（表5-1）。

二、特征谱带法

22对引物在不同的无性系中存在特异和多态性，分析单引物鉴别情况结果（表5-1）表明，22对引物特异基因型比率（P_1）平均为47.02%，I特异基因型比率最高达到76.70%，H特异基因型比率最低仅为11.11%；单引物种质鉴别率（P_2）平均为14.77%，I引物种质鉴别率最高达到51.72%，H引物种质鉴别率最低仅为0.38%；22对引物多态信息含量PIC值平均为0.63，其中K和I最高分别为0.87和0.86，H最低分别为0.33；22对引物标记索引指数MI值平均为6.97，其中I也最高为15.56，H最低为1。单引物种质鉴别率（P_2）从大到小排前五的引物排序为I(51.72)>K

(39.08%)>J(34.10%)>R(22.99%)>C(21.46%)；引物多态信息含量（PIC）从大到小排前五的引物排序为K(0.87)>I(0.86)>J(0.83)>S(0.78)>C(0.74)；引物标记索引指数（MI）从大到小排前五的引物排序为I(15.56)>K(13.95)>J(13.24)>G(10.42)>C(10.31)。因此，采用单引物进行构建指纹图谱时，I引物是最理想的引物，可鉴别最多无性系。多态信息含量PIC和标记索引指数MI可以较好地反应引物构建图谱时所用的种质鉴别率，多态信息含量PIC、标记索引指数MI和种质鉴别率（P_2）三种指标各引物排序基本相同，是筛选核心引物的重要指标。

三、引物组合法

使用MATLAB软件编辑代码按照“引物组合法”对22对引物进行10种随机组合统计，组合方式为C_{22}^{2}、C_{22}^{3}、$C_{22}^{4}\cdots C_{22}^{22}$，随着挑选引物数的增加，不同引物数产生的组合数也呈现正态分布，在挑选引物数达到11个引物时，产生不同组合数最大为705 432种（图5-1）。从C_{22}^{2}共得出231个双引物组合类型，依据组合引物特异基因型（GC_1）大小，统计前10位组合引物的种质鉴别率（PC_2）、总PIC和总MI值。I+J引物组合共有组合引物特异基因型（GC_1）217个，组合引物种质鉴别率（PC_2）最大为83.14%；总PIC值和总MI值最大的均为I+K引物组合类型，组合引物种质鉴别率（PC_2）为80.46%。

表5-1　22对SSR引物扩增多态性

Table.5-1　Amplification polymorphism of the 22 pairs of SSR primers

引物代码	N	A	G	G_1	P_1/%	P_2/%	PIC	MI
A	261	11	78	41	52.56	15.71	0.64	6.99
B	261	8	26	8	30.77	3.07	0.51	4.05
C	261	14	97	56	57.73	21.46	0.74	10.31
D	261	5	8	2	25.00	0.77	0.35	1.77
E	261	8	51	19	37.25	7.28	0.62	4.96
F	261	8	27	10	37.04	3.83	0.47	3.74
G	261	17	91	54	59.34	20.69	0.61	10.42
H	261	3	9	1	11.11	0.38	0.33	1.00
I	261	18	176	135	76.70	51.72	0.86	15.56
J	261	16	130	89	68.46	34.10	0.83	13.24
K	261	16	154	102	66.23	39.08	0.87	13.95
L	261	9	73	41	56.16	15.71	0.70	6.29

续　表

引物代码	N	A	G	G_1	P_1/%	P_2/%	PIC	MI
M	261	5	34	11	32.35	4.21	0.58	2.91
N	261	14	87	52	59.77	19.92	0.66	9.23
O	261	9	49	22	44.90	8.43	0.56	5.07
P	261	7	35	14	40.00	5.36	0.65	4.58
Q	261	8	36	13	36.11	4.98	0.51	4.05
R	261	16	92	60	65.22	22.99	0.63	10.10
S	261	11	97	51	52.58	19.54	0.78	8.58
T	261	6	31	13	41.94	4.98	0.56	3.36
U	261	12	76	39	51.32	14.94	0.68	8.16
V	261	8	47	15	31.91	5.75	0.62	4.94
平均	261	10.41	68.36	38.55	47.02	14.77	0.63	6.97
合计	-	229	1504	848	-	-	-	-

注：图谱构建的方法涉及专利内容，引物名称采用大写字母隐去并进行了次序重排。

三引物随机组合时共获得1540个组合类型，组合引物特异基因型（GC_1）前10位的候选组合引物种质鉴别率（PC_2）、总PIC和总MI值（表5-3）表明，I+J+U、J+N+U和J+R+U引物组合共有组合引物特异基因型（GC_1）236个，种质鉴别率（PC_2）最大均为90.42%，I+J+U组合引物总MI值最大为36.93；J+K+U引物组合总PIC值最大为2.38，组合引物种质鉴别率（PC_2）为90.04%。

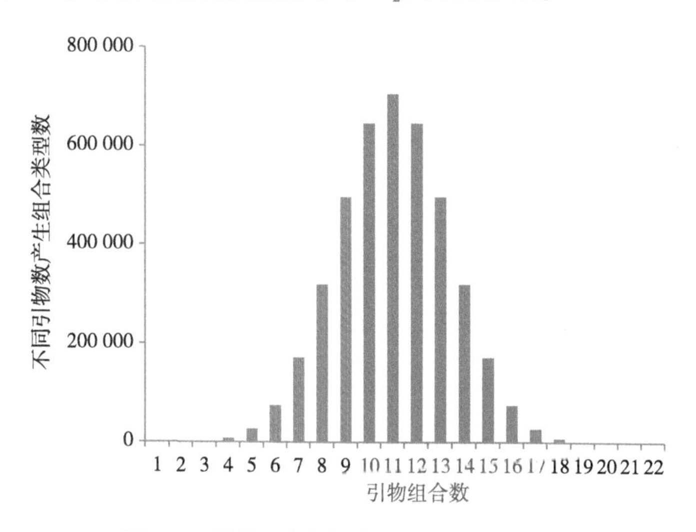

图 5-1　引物组合数与产生的不同组合类型数

Fig.5-1　Number of primer combinations and the number of different combinations of the primers

表 5-2 双引物候选组合鉴别指标

Table.5-2 The differential index of double primer combinations

组合类型	GC_1	PC_2/(%)	总PIC	总MI
I+J	217	83.14	1.69	28.80
J+S	214	81.99	1.61	21.82
J+U	211	80.84	1.51	21.40
I+K	210	80.46	1.74	29.51
J+K	210	80.46	1.70	27.19
K+U	210	80.46	1.55	22.11
G+J	208	79.69	1.44	23.66
I+U	208	79.69	1.54	23.72
J+N	208	79.69	1.49	22.47
I+R	207	79.31	1.50	25.66

表 5-3 三引物候选组合鉴别指标

Table.5-3 The differential index of three primer combinations

组合类型	GC_1	PC_2/(%)	总PIC	总MI
I+J+U	236	90.42	2.37	36.96
J+N+U	236	90.42	2.17	30.62
J+R+U	236	90.42	2.14	31.50
G+J+U	235	90.04	2.12	31.82
J+K+U	235	90.04	2.38	35.35
J+T+U	234	89.66	2.07	24.76
E+J+U	233	89.27	2.13	26.35
J+S+U	233	89.27	2.29	29.97
G+J+L	232	88.89	2.14	29.95
J+N+U	232	88.89	2.17	30.62

四引物随机组合共获得7315个组合类型，对组合引物特异基因型（GC_1）前10位的候选组合类型的组合引物种质鉴别率（PC_2）、总PIC和总MI值结果（表5-4）表明，G+J+N+U引物组合共有组合引物特异基因型（GC_1）247个，组合引物种质鉴别率（PC_2）最大为94.64%；I+J+N+U引物组合类型的总PIC值最大为3.03，组合引物种质鉴别率（PC_2）为93.10%；总MI值最大的引物组合为G+I+J+U，MI值为47.38，该组合引物种质鉴别率（PC_2）为92.72%。

五引物随机组合类型筛选结果（表5–4）可知，共26 334个四引物候选组合类型中选择组合引物特异基因型（GC_1）前10位的组合类型，统计其组合引物种质鉴别率（PC_2）、总PIC和总MI值。G+J+N+S+U、G+J+N+T+U和G+J+N+U+V引物组合共有组合引物特异基因型均为（GC_1）251个，组合引物种质鉴别率（PC_2）均最大为96.17%，总PIC值最大的引物组合类型为G+J+K+N+U，PIC值为3.65，引物种质鉴别率（PC_2）为95.40%；总MI值最大的引物组合为G+I+J+N+U，MI值为56.60，该组合引物种质鉴别率（PC_2）为95.40%。

对双引物、三引物、四引物…十三引物的每个引物的组合类型中选择组合引物特异基因型（GC_1）从大到小前十的候选组合类型，计算每个组合的组合引物种质鉴别率（PC_2），并绘制引物组合数与组合引物种质鉴别率散点箱型图（图5–2），当引物组合数达到九引物组合时，组合引物种质鉴别率（PC_2）趋于稳定达到100%，可鉴定所有无性系。

表5–4　四引物候选组合鉴别指标

Table.5–4　The differential index of four primer combinations

组合类型	GC_1	PC_2/(%)	总PIC	总MI
G+J+N+U	247	94.64	2.78	41.04
G+J+L+U	243	93.10	2.82	38.10
I+J+N+U	243	93.10	3.03	46.18
G+I+J+U	242	92.72	2.98	47.38
G+J+T+U	242	92.72	2.68	35.18
G+J+K+U	241	92.34	2.99	45.77
G+J+M+U	241	92.34	2.70	34.73
G+J+O+U	241	92.34	2.68	36.89
G+J+Q+U	241	92.34	2.63	35.86
G+J+R+U	241	92.34	2.75	41.92

表5–5　五引物候选组合鉴别指标

Table.5–5　The differential index of five primer combinations

组合类型	GC_1	PC_2/(%)	总PIC	总MI
G+J+N+S+U	251	96.17	3.56	49.62
G+J+N+T+U	251	96.17	3.34	44.41
G+J+N+U+V	251	96.17	3.40	45.99

续 表

组合类型	GC_1	PC_2/(%)	总PIC	总MI
G+H+J+N+U	249	95.40	3.11	42.05
G+I+J+N+U	249	95.40	3.64	56.60
G+J+K+N+U	249	95.40	3.65	55.00
G+J+L+N+U	249	95.40	3.48	47.33
G+J+M+N+U	249	95.40	3.36	43.95
G+J+N+O+U	249	95.40	3.34	46.12
G+J+N+Q+U	249	95.40	3.29	45.09

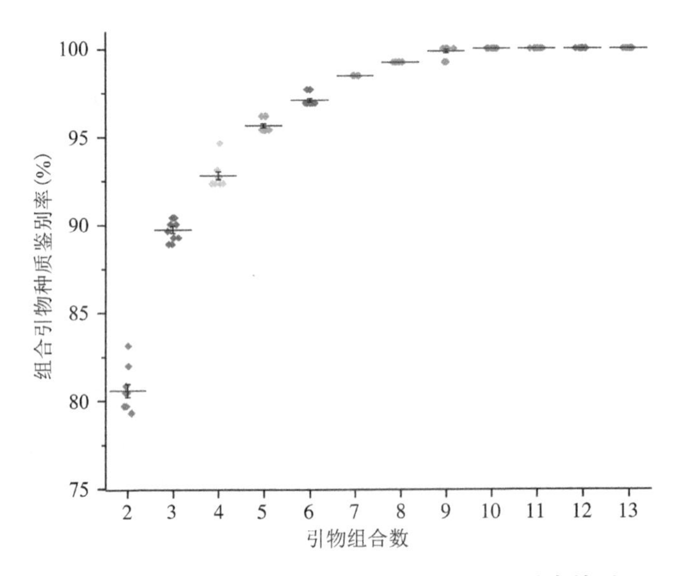

图 5-2 引物组合数与组合引物鉴别率（PC_2）散点箱型图

Fig.5-2 Number of primer combinations and Identification rate of combination primer (PC_2) point box pattern

四、指纹图谱构建

筛选引物结果遵循“使用最少引物，鉴别最多无性系”为原则，选择最优图谱构建最佳组合为三引物I+J+U引物组合，该组合共有组合引物特异基因型（GC_1）236个，组合引物种质鉴别率（PC_2）为90.42%。如想完成更完整的图谱，可选择适当增加组合引物数，提高组合引物种质鉴别率（PC_2）。采用最佳组合I+J+U引物组合为50份沙柳种质构建了SSR指纹图谱（表5-6）；同时也构建了261份沙柳种质构建SSR指纹图谱，详见附录。

第三节 讨论

一、特征谱带法

特征谱带法是利用单引物在特殊无性系中表现出的特异的带型进行种质标记的方法。王清明等[138]利用特征谱带法完成了利用三种引物各自的特异带型分别从22份观赏桃中区分出“贺春”“单瓣垂枝”和“寿红”；刘洪博等[245]在29份云南甘蔗种质筛选出6个核心引物，单引物种质区分率中最高的可达到91%；叶春秀等[134]则利用1条引物获得的多态性位点成功区分开10份柽柳新陆早系列品种。特征谱带法只适用于供试材料较少的群体，当供试材料数目扩大时，单引物在特殊无性系中表现出的特异的带型可能就会失去其特异性，导致单引物构建指纹图谱的应用受到限制。

表 5-6 50 份沙柳 SSR 指纹图谱

Table.5-6 SSR fingerprints of 50 genets in *S. psammophila*

无性系编号	引物名称			无性系编号	引物名称		
	I	J	U		I	J	U
1	DIJL	DDEE	HJJK	52	BBDJ	BCCJ	JKKK
4	DEIJ	EFGI	JJJJ	54	DDIJ	FHHH	GIKK
5	JKKQ	EEFG	JJJK	58	DDIJ	FFHH	GIKK
6	BBDJ	CCIJ	JKKK	61	DDGG	CCEE	KKKK
8	BDEJ	EEFG	HJKK	63	BEKL	BBEF	IKKK
10	BIKL	FFFG	CKKK	64	BENP	EEGG	GJJK
13	BDDJ	BCCH	JKKK	65	BDDL	DEEF	KKKK
15	BBDJ	BCIJ	JKKK	66	DDDO	BCDE	GJJK
18	DIJL	DDEE	HJJK	67	BGIJ	BBFI	JJKK
19	BDDJ	BCCH	JKKK	70	BDFJ	CDEG	GJKK
20	BIKL	FFFG	CKKK	71	BDEI	ACDE	JJJJ
22	DDIJ	FGHI	GIKK	72	DDEG	EEHJ	CKKK
23	DIJL	DDEE	HJJK	75	BDGJ	CEFG	IIJL
24	DIJL	DEEE	HJJK	76	BJMP	BEFG	JJKK
25	BDDJ	BCCH	JKKK	77	BEGI	AAAE	IIJK
26	DDIJ	FGHH	GIKK	78	CDEK	BCDE	GIJK

续 表

无性系编号	引物名称			无性系编号	引物名称		
	I	J	U		I	J	U
28	BDEJ	EFGH	HJKK	79	DDIJ	CDEG	GGKK
30	BDDJ	BCCH	JKKK	80	BBGL	BBCC	JJKK
32	BIKL	BFFG	CKKK	81	ABNO	GPPP	EGKK
39	DIJL	DDEE	HJJK	82	BDGG	DEFG	IKKK
45	DDIJ	BFFG	GIKK	83	DDII	ABCE	DJJJ
47	BIKL	DDEE	CKKK	86	BEFJ	EGGG	JKKK
48	BBDG	BFFG	IKKK	88	EJJL	CCCG	KKKK
49	BBDG	BFFG	IKKK	89	GJKK	EEEE	IIKK
50	DDGG	DDEE	KKKK	90	EEIM	DEFG	IJKK

注：表中DIJL、DDEE等大写字母为基因型代码。

本书中采用的22对引物均具有较高的多态性，22对引物等位基因（A）变幅为3（H）~18（I），平均等位基因数为10.41，合计等位基因数共229个；22对引物平均基因型丰富度（G）为68.36，共有1504个基因型带型，引物基因型丰富度（G）变化范围为9（H）~176（I）；22对引物平均特异基因型（G_1）为38.55，共有848个基因型带型，特异基因型（G_1）变化范围为1（H）~135（I）。PIC>0.5表明引物具有较高的多态性可用于图谱构建[20]，引物I的多态信息含量（PIC）为0.86，结果高于*Rubus*构建指纹图谱中8对核心引物中最大值引物RhM043（PIC=0.83）[18]、白及构建指纹图谱中20对引物中最大值引物BJSSR18（PIC=0.7593）[137]、柽柳构建指纹图谱中9对引物中最大值引物（PIC=0.80）[134]和陆地棉构建指纹图谱中8对引物中最大值引物Muss101（PIC=0.7846）[246]。引物I的标记索引指数（MI=15.55）明显高于观赏桃构建指纹图谱中单引物最大的引物BPPCT001（MI=3.340）[138]。单引物中引物I特异基因型比率（P_1）最高达到76.70%，单引物种质鉴别率（P_2）也最高达到51.72%。因此选择单引物进行构建指纹图谱，I引物是最理想的引物，可鉴别最多无性系，但是由于供试材料数目较大，不能完全通过特征谱带法构建261份沙柳无性系指纹图谱。

通过比较22对引物单引物种质鉴别率（P_2）、多态信息含量（PIC）和引物标记索引指数（MI），发现在单引物筛选构建指纹图谱时，三种指标在各引物排序基本相同，可作为核心引物筛选的指标。

二、引物组合法

由于特征谱带法在供试材料数目增大时，特征谱带法的很多特异性的谱带就会失去其特殊性。郭景伦[136]等为了解决特征谱带法的缺陷，提出了引物组合法，利用不同引物间的特异性“互补”来为种质构建组合指纹，称这种组合指纹为“复指纹”。“复指纹”在构建指纹图谱时，增大了指纹图谱的“扩容性”，能够保证当群体内种质材料数目较大时，仍能够保持其特殊性。“扩容性”大小不仅与引物组合中各自引物的多态性有关，也与引物组合的多态性有关。王凤格[247]等指出依靠等位基因数、引物多态信息含量（PIC）和标记索引值（MI）是挑选核心引物时衡量标记多态性的指标。本书研究发现，利用特征谱带法构建指纹图谱时，除等位基因数、引物多态信息含量（PIC）外，标记索引值（MI）也可作为筛选核心引物时的衡量指标；利用引物组合法时，存在引物之间的互补效应，因此不能完全依靠引物总PIC值和总MI值来作为核心引物组合的筛选指标，应结合组合引物种质鉴别率（PC_2）来筛选最优的引物组合。

22对引物按照“引物组合法”对引物进行随机组合统计，组合方式为C_{22}^{2}、C_{22}^{3}、C_{22}^{4}……C_{22}^{22}，从每个组合中筛选出组合引物种质鉴别率（PC_2）最大的前十位组合作为候选引物组合。随机组合的方式避免了虽然使用多态性指标较高的引物组合，但其相似性过高，多态性不能起到很好的互补的效力而造成1+1<2的现象[243]。按照“使用最少引物，鉴别最多种质（无性系）”为原则，选择最优图谱构建最佳组合为三引物I+J+U引物组合，构建了沙柳指纹图谱，组合引物种质鉴别率（PC_2）达到86.89%。如想实现更高的组合引物种质鉴别率（PC_2），适当增加组合引物数即可，当引物组合数达到九引物组合时，组合引物种质鉴别率（PC_2）趋于稳定，达到100%，可鉴定所有无性系。本书的研究结果显示，来自国家沙柳种质资源库内的261份沙柳种质材料（无性系）中剔除后不存在相同种质（无性系），无无性系扩增产物带型相同的现象。陈（Chen）等[248]利用10对核心引物构建128个油茶（*Camellia oleifera* Abel.）指纹图谱时，也发现“Changlin 40”和“Fuyang 40”存在共享带谱，推断其为相同品种或是营养突变体。

第四节　本章小结

（1）利用特征谱带法选择单引物进行构建指纹图谱，I引物是最理想的引物，可鉴定最多无性系，种质鉴别率（P_2）最高达到51.72%。

（2）利用特征谱带法选择单引物进行构建指纹图谱结果表明，多态信息含量（PIC）和标记索引指数（MI）可以较好地反应引物构建图谱时所用的种质鉴别率（P_2），多态信息含量PIC、标记索引指数MI和种质鉴别率（P_2）三种指标各引物排序基本相同，可同时作为核心引物筛选的指标。

（3）利用引物组合法对22对引物随机组合，按照“使用最少引物，鉴别最多无性系”为原则，选择最优图谱构建最佳组合为三引物I+J+U引物组合，构建了沙柳指纹图谱，组合引物种质鉴别率（PC_2）达到90.42%。如想完成更完整的图谱，可选择适当增加组合引物数，提高组合引物种质鉴别率（PC_2），引物组合数为9时，可鉴定所有无性系。

（4）引物组合法存在引物之间的互补效应，因此不能完全依靠引物总PIC值和总MI值来作为核心引物组合的筛选指标，应结合本书提供的组合引物种质鉴别率（PC_2）来筛选最优的引物组合。

第六章 沙柳表型性状与 SSR 分子标记关联分析

近几年随着分子生物学的发展，RFLP、PAPD、AFLP、SSR等分子标记技术广泛应用在植物基因组的分析中，SSR分子标记已成为个体之间遗传关系、基因定位、分子标记辅助选择和指纹图谱构建等研究的理想手段。目前，SSR也已经广泛应用在与植物表型关联的相关研究中[249, 250]。本章将国家沙柳种质资源库内17个群体的528个无性系的9个数量性状分别与22对SSR引物扩增的片段进行分子辅助标记选择，基于GLM模型与MLM模型进行关联分析，试图寻找表型性状的相关SSR位点，为沙柳相关基因的挖掘、表达和定位等研究提供理论依据，也为沙柳种质资源分子标记辅助育种提供技术支持。

第一节　材料与方法

一、材料

2015年5月采集了保存库内第三章所述17个沙柳群体中的528个无性系叶片样品。采样时选取生长良好、无病虫害的幼嫩叶片，用塑封袋装好并放入带冰的保温箱中带回实验室，-80 ℃低温冰箱中保存待用。选择第二章表型测定中的涵盖SSR分子标记的528份对应编号的无性系。

二、方法

表型性状使用DPS16.05进行单因素方差分析；利用TASSEL3.0软件分别使用一般线性模型（general linear model，GLM）和混合线性模型（mixture linear model，MLM）对表型性状与22对引物进行回归分析。在回归分析中，将第三章Stucture2.3.4[225]基于贝叶斯算法对群体遗传结构进行分析的结果，即K=2时各个材料相对应的Q值作为协变量。

第二节　结果与分析

一、基于GLM模型SSR标记与表型性状关联分析

以K=2的Q型矩阵作为SSR-表型性状关联分析的协变量，采用TASSEL3.0软件中GLM模型，对22对SSR标记进行关联分析，获得22对引物9个性状的表型变异解释率柱形散点图（图6-1），引物平均表型变异率最高均大于40%的是c59、c61和c69，c25和c57，引物平均表型变异率最低均小于5%；c57、c90和c112没有检测出与其显著相关的表型性状。

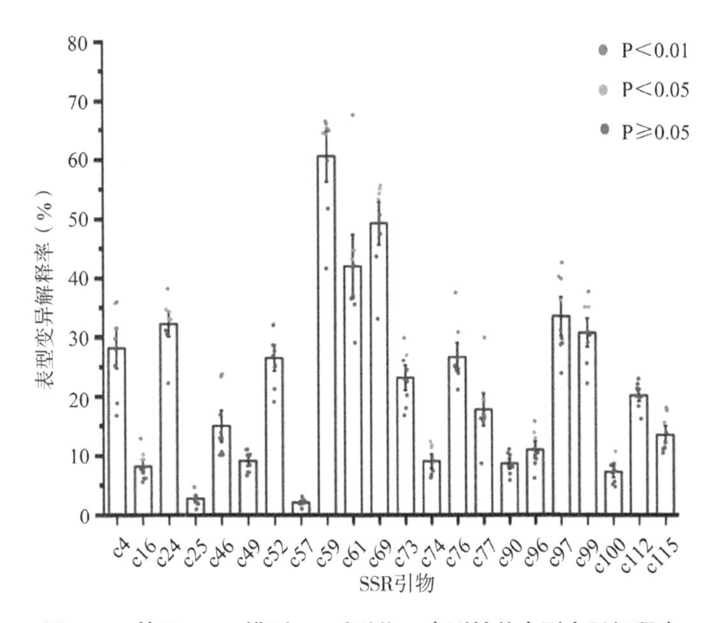

图6-1　基于GLM模型22对引物9表型性状表型变异解释率

Fig.6-1　Explaining of phenotypic variance in nine phenotypic traits of 22 primers based on GLM model

22对引物中有19对引物与9个表型性状共57个组合在P<0.05水平上存在显著相关，表型变异解释率变幅为9.2%～67.45%（表6-1）。在GLM模型中没有检测到c57、c90和c112性状关联，这些引物的多样性指标相对偏低（表4-2）。与叶面积（LA）显著相关的SSR引物有9个引物，其中c4和c97达到极显著相关，表型变异解释率最大的是c59（64.15%）；在与叶周长（LPE）显著相关的5个SSR引物中，c4、c16、c73和c97达到极显著相关，表型变异解释率最大的也是c97（40.08%）；与叶柄长（LP）显著相关的引物最多，达到11个，其中极显著相关的有7个引物，表型

变异解释率最大的是c61(67.45%);与叶长(LL)显著相关的有6个引物,其中极显著相关的有3个引物,表型变异解释率为极显著相关引物c59(64.84%);与叶宽仅有一个极显著相关的引物为c76,表型变异解释率为30.78%;与长宽比、开枝和株高相关引物中,表型变异率最高的均是极显著相关引物c59,表型变异解释率分别为65.19%、66.02%和66.38%;与地径显著相关的只有2个引物,表型变异率最大的是c74,仅为12.27%。结果表明与叶柄长和叶面积相关的引物最多,而与叶宽和地径相关的引物最少。

表 6-1 基于GLM模型与表型性状显著相关的SSR引物及其表型变异的解释率

Table.6-1 The SSR primers associated with traits and their explaining of phenotypic variance based on GLM model

标记	LA	LPE	LP	LL	LW	LL/LW	BA	PH	GD
c4	31.81**	36.02**	36.24**	31.74**		30.06**			
c16	9.2*	12.76**	10.06*						
c24	34.18*		33.02*	32.81*		38.04**	32.92*	34.57*	
c25								4.59**	
c46			23.24**			23.67**			
c49						10.9*			10.89*
c52				32.13*					
c59	64.15*	64.4*		64.84**		65.19**	66.02**	66.38**	
c61	44.57*		67.45**			43.11*			
c69	53.25*		54.18*				55.6*	55.04*	
c73		29.81**					26.88*		
c74	11.29*							11.57*	12.27**
c76			37.41**		30.78**				
c77			29.82**	19.4**		19.41**			
c96	12.82*		13.74*				15.65**		
c97	39.78**	40.08**	42.47**	36.16*					
c99						34.99*	37.57**	35*	
c100								10.6*	
c115			17.96**				15.46*	17.54**	

注:*表示显著相关(P<0.05),**表示极显著相关(P<0.01)。

二、基于MLM模型SSR标记与表型性状关联分析

同样以K=2的Q型矩阵作为SSR-表型性状关联分析的协变量，采用TASSEL3.0软件中的MLM模型，计算SSR数据的亲缘关系kinship矩阵，再对22对SSR标记进行关联分析，发现22对引物中对9个性状的表型变异解释率最高的是c59、c61和c69引物，平均表型变异率均大于40%，而c25和c57引物平均表型变异率最低均小于5%；c52、c57、c59、c69、c76、c90、c99和c112引物没有检测出与其显著相关的表型性状（图6–2）。

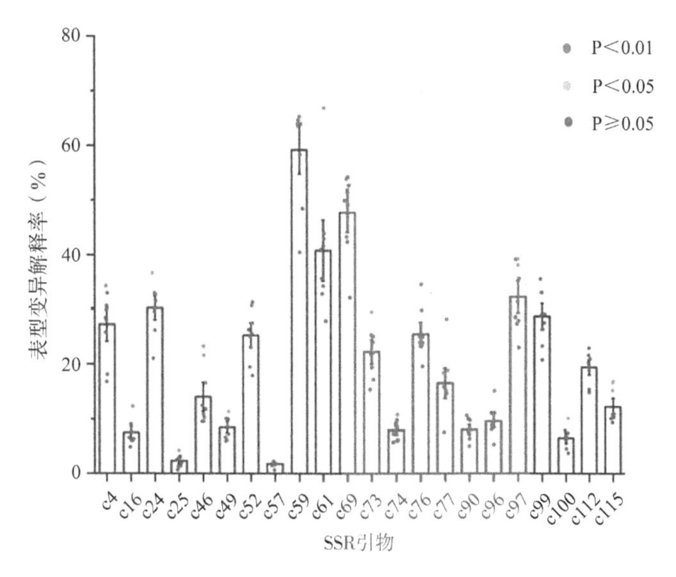

图 6–2　基于 MLM 模型 22 对引物 9 表型性状表型变异解释率

Fig.6–2　Explaining of phenotypic variance in nine phenotypic traits of 22 primers based on MLM model

表 6–2　基于 MLM 模型与表型性状显著相关的 SSR 引物及其表型变异的解释率

Table.6–2　The SSR primers associated with traits and their explaining of phenotypic variance based on MLM model

标记	LA	LPE	LP	LL	LL/LW	BA	PH
c4		34.3**					
c16		12.33**					
c24					36.61*		
c25							4.14*
c46			23.26**		21.61**		
c49					11.36*		

续 表

标记	LA	LPE	LP	LL	LL/LW	BA	PH
c61			66.91**				
c73		29.46*					
c74							10.82*
c77			28.22**	18.39*	18.85*		
c96						15.06**	
c97	38.12*	39.23*					
c100							10.12*
c115			16.8*				16.62*

22对引物中有14对引物与9个表型性状共19个组合在P<0.05水平上存在显著相关，表型变异解释率变幅为4.14%～66.91%。在GLM模型中没有检测到与叶宽和地径显著相关的引物。与叶面积（LA）显著相关的SSR引物是c97，表型变异解释率为c59（38.12%）；与叶周长（LPE）显著相关的SSR引物有4个，其中c4和c16极显著相关，表型变异解释率最大的是c4（34.3%）；与叶柄长（LP）极显著相关的引物有3个，表型变异解释率最大的是c61（66.91%）；与叶长（LL）显著相关的是c77，表型变异解释率为18.39%；与长宽比显著相关的引物有4个，其中极显著相关的是c46，表型变异解释率为21.61%；与开枝极显著相关的引物为c96，表型变异解释率为15.06%；与株高显著相关的引物有4个，未检测到极显著相关的引物（表6–2）。虽然MLM模型与GLM模型检测出的各个引物表型变异解释率结果基本一致，但基于MLM模型检测到的每个引物与显著相关的表型性状少于GLM模型，可能是因为MLM模型分析时不仅考虑到群体结构Q值，还考虑到亲缘关系kinship值，因此，MLM模型的结果进一步验证了GLM模型，分析结果更可靠[251]。

第三节　讨论

在进行群体关联分析时，供试验材料的遗传多样性高低是非常重要的因素[148,252]。波特斯坦（Botstein）[253]等将PIC值进行多态性程度划分，PIC<0.25为低度多态性位点，0.25≤PIC<0.5为中度多态性位点，PIC≥0.5为高度多态性位点。由第三章沙

柳群体遗传多样性分析结果可知，本书研究所用的22对SSR引物中无低度多态位点，c25、c49和c57为中度多态位点，PIC值分别为0.36、0.44和0.35；其余引物均属于高度多态位点（图6-3）。SSR引物平均多态信息含量PIC为0.62，高于大麦[251]（PIC=0.5548）、甜菜[254]（*Beta vulgaris* L.）（PIC=0.46）构建关联分析时所用的SSR引物PIC值，与萨贾德（Sajjad）等[255]利用豌豆（*Pisum sativum* L.）SSR-表型构建GLM模型所用SSR引物平均PIC（0.627）一致，说明本书所采用的SSR引物在材料中具有高度的多态性，适合用于进一步的关联分析。

关联分析成功构建的先决条件是对群体进行遗传结构的分析。在进行表型-SSR关联分析前，必须对群体结构的分配情况进行有效地解析。将群体结构分析结果中所得的Q值（即每份材料属于各亚群的概率）作为协变量纳入到回归分析中，从而有效地消除材料群体结构间所引起的伪关联，确保关联分析结果的准确性[256, 257]。本书基于SSR分子标记技术，在第三章中利用Structure2.3.4对群体遗传结构进行了全面分析，将沙柳528份无性系分成两个亚群，与UPGMA聚类分析结果一致，说明群体遗传结构能够很好地反映群体内部结果。

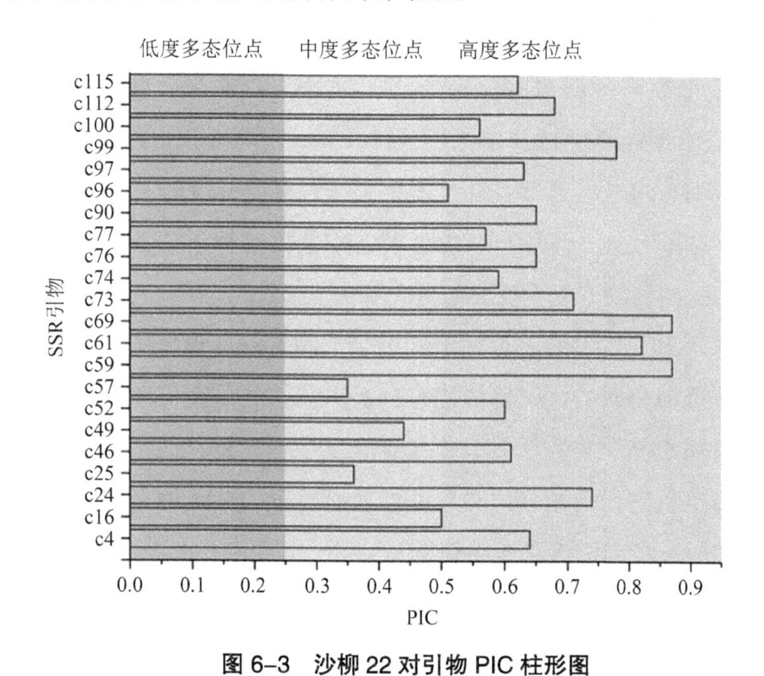

图6-3　沙柳22对引物PIC柱形图

Fig.6-3　PIC bar chart of 22 primers in *S. psammophila*

关联分析目前已经成功运用到作物和林木研究中，为了避免单独地构建一般线性回归模型（GLM）产生的假阳性，混合线性回归模型（MLM）将群体结构与个体间亲缘关系（Q+K）综合考虑，从而能够更好地验证GLM模型的结果，GLM和MLM相结合分析，结果更准确可靠[258, 259]。本书采用了MLM模型和GLM模型两种线性回归模型，将528份个体的群体遗传结构Q值和Kinship值，以及SSR数据和表型数据一同带入TASSEL软件中进行标记和性状的关联分析。GLM模型分析表明22对引物中有19对引物与9个表型性状共57个组合在P<0.05水平上存在显著相关，表型变异解释率变幅为9.2%～67.45%；MLM模型表明22对引物中有14对引物与9个表型性状共19个组合在P<0.05水平上存在显著相关，表型变异解释率变幅为4.14%～66.91%；MLM模型结果中的相关组合均为GLM模型结果中极显著相关的组合，说明MLM模型能够很好地去除GLM模型中产生的假阳性结果，MLM模型筛选结果更准确可靠；同时研究结果表明，不仅出现了多个SSR引物与同一个表型性状显著相关，也出现了一个SSR引物与多个表型性状显著相关的现象，因此可能是引物与表现型之间存在基因多效的遗传基础。吴静等[143]利用GLM模型筛选出紫斑牡丹（*Paeonia* sect. *Moutan*）6个SSR标记与8个性状共10个组合显著相关（P<0.05），表型变异解释率变幅为24.4%～55.8%；阿布舍克（Abhishek）等[260]利用MLM模型和GLM模型筛选出木豆（*Cajanus cajan* Millspaugh）存在一个SSR标记（CcGM03681）均与枯萎病表现显著相关，表型变异解释率为16.45%；苏莱曼（Suleyman）等[261]利用MLM模型和GLM模型筛选出与榛子（*Corylus avellana*）6个果仁性状显著相关的引物，表型变异解释率变幅为15%～49%；相比其他研究结果，本书的研究结果筛出了较多的显著相关的组合，同时具有较高的变异解释率。关联分析的关键就是选择合适的供试群体进行分析，本书的研究仍存在需要改进和不足的地方，虽然所用SSR引物数较少，但筛选出了19个SSR与表型显著相关的组合，表型变异率相对也较高，检测出的对表型性状有贡献的标记也可作为未来分子辅助标记育种筛选和进一步定位研究提供理论基础。

第四节　本章小结

（1）GLM模型分析表明，22对引物中有19对引物与9个表型性状共57个组合在$P<0.05$水平上存在显著相关，表型变异解释率变幅为9.2%～67.45%。

（2）MLM模型表明，22对引物中有14对引物与9个表型性状共19个组合在$P<0.05$水平上存在显著相关，表型变异解释率变幅为4.14%～66.91%。

（3）MLM模型与GLM模型检测出的各个引物表型变异解释率结果基本一致，但基于MLM模型检测到的每个引物与显著相关的表型性状少于GLM模型，但均是GLM模型中极显著相关的组合，说明MLM模型的结果进一步验证了GLM模型，很好地排除了GLM模型产生的伪关联，分析结果更可靠。

第七章　种质资源核心种质库的构建

资源核心库是将原群体种质资源中能够代表整个群体遗传范围的种质挑选出来，组成核心种质库。建立不同资源的核心种质库对种质资源管理保存和利用具有重要的意义。本章利用SSR分子标记对国家沙柳种质资源库内收集的17个群体的528个无性系，采用王（Wang）等[180]改进的最小距离逐步取样法和分组最小距离逐步取样法，在5个不同水平的抽样比率下构建沙柳核心库，并对核心库进行遗传多样性和表型多样性进行评价，为沙柳种质资源的保存和管理提供有效的理论依据。

第一节　材料与方法

利用第三章沙柳SSR分析的528份无性系样本作为沙柳核心种质库构建的原群体，采用改进的最小距离逐步取样法和分组最小距离逐步取样法在5个不同水平的抽样比率（6%、8%、10%、15%、20%、25%和30%）下，进行逐步筛选核心种质库的材料。数据处理利用POPULATIONS v.1.2软件计算无性系间的Nei's遗传距离，核心种质库筛选种质在MATLAB（version6.5）环境中编程实现，核心种质库评价指标在EXCEL中计算完成。

一、核心种质库的抽样方法

改进的最小距离逐步取样法：对原群体的528个无性系计算无性系间Nei's遗传距离，将遗传距离较小的无性系种质组合按照删除原则，删掉组合中一个无性系，保留另外一个无性系；将剩余的无性系进行下一轮的无性系间的遗传距离的计算，再将遗传距离较小的无性系种质组合按照删除原则，删掉组合中一个无性系，保留另外一个无性系；按照此方法以此类推，直到保留的种质无性系数目达到要求，组成核心种质库，按照抽样比率将核心种质库分别命名为L1、L2、L3、L4和L5。

分组最小距离逐步取样法，即对17个居群的无性系按照每个居群分别进行筛选，直至按照抽样比率将核心种质库分别命名为G1、G2、G3、G4和G5。

二、核心种质库的评价

采用分子标记遗传多样性指标进行比较，指标包括等位基因数（A）、每个个体在每个位点上的等位基因数（A_i）、观察杂合度（H_o）、期望杂合度（H_e）和四倍体基因型丰富度（G）；同时采用表型性状与原群体表型性状进行比较，评价指标包括均值差异百分率（mean difference percentage,MD）、方差差异百分率（variance difference percentage,VD）、极差符合率（coincidence rate of range,CR）和变异系数变化率（changeable rate of coefficient of variance,VR）。

$$MD\%=S_t/N\times 100\% \tag{7-1}$$

其中S_t是核心库与原群体t检验得到的均值差异显著（$P<0.05$）的性状数，N是性状总数。

$$VD\%=S_F/N\times 100\% \tag{7-2}$$

其中S_F是核心库与原群体F检验得到的均值差异显著（$P<0.05$）的性状数，N是性状总数。

$$CR\%=\left[\sum_{j=1}^{N}\left(\frac{R_C}{R_1}\right)\times 100\%\right]/N \tag{7-3}$$

其中R_C是核心库性状的极差，R_1是原群体性状的极差，N是性状总数。

$$VR\%=\left[\sum_{j=1}^{N}\left(\frac{CV_C}{CV_1}\right)\times 100\%\right]/N \tag{7-4}$$

其中CV_C是核心库性状的变异系数，CV_1是原群体性状的极差，N是性状总数。

第二节 结果与分析

一、最小距离逐步取样法筛选

计算528个沙柳无性系间的Nei's遗传距离，根据改进的逐步聚类法，将遗传距离较小的无性系种质组合按照删除原则，删掉一个无性系，剩余再聚类，根据核心种质占总资源的比例，确定进入核心种质的数量，建立在不同抽样比率下的核心种质库，利用AUTOTET软件计算遗传多样性参数（表7-1）。根据不同抽样比率的核心库遗传多样性参数比较，核心库L3在抽样比率10%所代表的53个无性系，每个个体在每个位点上的等位基因（A_i）(2.363)、观察杂合度（H_o）(0.607）和Shannon指数（1.591）均最高。因此，将L3作为核心库，核心库L3等位基因数（A）的保有率达到88.51%。核心库L3的53个无性系种质聚类图如图表7-1所示，具体保留的53个无性系编号见附录2。

二、分组最小距离逐步取样法筛选

计算17个居群沙柳无性系间的Nei's遗传距离，对每个居群分别根据改进的逐步聚类法，将遗传距离较小的无性系种质组合按照删除原则，删掉一个无性系，剩余再聚类，根据核心种质占总资源的比例，确定进入核心种质的数量，建立在不同抽样比率下的核心种质库，利用AUTOTET软件计算遗传多样性参数（表表7-1）。根据不同抽样比率的核心库遗传多样性参数比较，核心库G3在抽样比率10%所代表的53个无性系，每个个体在每个位点上的等位基因（Ai）(2.311)、观察杂合度（Ho）(0.593)、期望杂合度（He）(0.7）和Shannon指数（1.548）均最高。核心库G3等位基因数（A）的保有率达到83.38%。

表7-1　原群体与不同抽样比率下核心质库遗传多样性比较

Table.7-1　Comparision of genetic diversity between primary population and core collection in dfifferent sampling rate

核心库	无性系个数	抽样比率（%）	*A*	*Ai*	*Ho*	*He*	Shannon指数
原群体	528	---	10.682	2.321	0.596	0.665	1.462
L1	32	6	9.000	2.352	0.601	0.711	1.585
L2	43	8	9.273	2.359	0.603	0.713	1.588
L3	53	10	9.455	2.363	0.607	0.711	1.591
L4	79	15	9.909	2.350	0.601	0.706	1.586
L5	106	20	10.045	2.340	0.599	0.700	1.566
L6	132	25	10.182	2.343	0.599	0.696	1.558
L7	158	30	10.182	2.340	0.599	0.692	1.542
G1	32	6	8.364	2.304	0.586	0.692	1.514
G2	43	8	8.818	2.315	0.592	0.698	1.544
G3	53	10	8.955	2.311	0.593	0.7	1.548
G4	79	15	9.273	2.301	0.589	0.693	1.534
G5	106	20	9.818	2.318	0.594	0.691	1.534
G6	132	25	9.818	2.321	0.596	0.689	1.527

续 表

核心库	无性系个数	抽样比率（%）	*A*	*Ai*	*Ho*	*He*	Shannon指数
G7	158	30	10	2.325	0.598	0.688	1.526

注：*A*表示等位基因数；A_i表示每个个体在每个位点上的等位基因数；H_o表示观察杂合度；H_e表示期望杂合度。

三、核心库表型性状的评价

根据遗传多样性筛选出的核心库L3，分别与原群体比较表型平均值、标准差、最大值、最小值、极差和变异系数，为了更好地评价核心库是否能够代表原群体的遗传多样性，对核心库与原群体进行t检验和*F*检验，计算均值差异百分率（*MD*）、方差差异百分率（*VD*）、极差符合率（*CR*）和变异系数变化率（*VR*），结果表明（表7–2）L3核心库与原群体在*t*检验下，无均值差异显著的性状，*MD*%小于等于20%；9个表型性状中，仅有叶长在*F*检验下原群体与核心库L3存在显著差异，方差差异百分率*VD*%为14.29%；核心库L3在9个性状中有6个性状变异系数大于原群体的变异系数，变异系数变化率*VR*%为100.47%；对于极差，叶柄长和叶长保存了原群体的85%以上的极差，极差符合率*CR%*为66.39%。

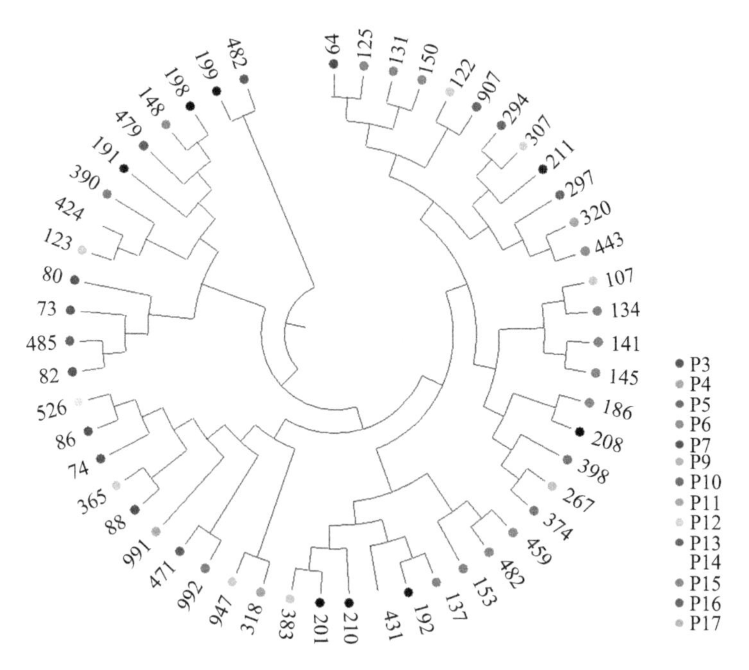

图7–1 核心库L3的53个无性系聚类图

Fig.7–1 Neighbor joining phylogenetic tree of the 53 *S. psammophila* genets in core collection

第三节 讨论

表型性状不仅易受环境和外界因素的影响，而且测定过程中存在较大的人为因素，构建核心库单纯依靠表型性状进行判定存在很多不足。随着分子标记的发展，由于分子标记有不易受到环境、基因与环境互作关系的影响的优点，广泛地应用在遗传多样性分析与评价中，也为种质核心库的构建与评价提供了可靠的手段。白卉[170]利用SSR分子标记手段，采用逐步聚类法对208份山杨构建了42份种质的核心库；玉苏普[171]利用SRAP分子标记对95份梨种质构建了28份核心种质库，保留了新疆梨种质很高的遗传多样性。沙柳种质资源原群体较大，共有528个无性系，为了用最少的无性系代表最多的多样性，因此抽样比率选择6%～30%进行筛选核心库，最终抽样比率在10%时包含53个无性系，等位基因数（*A*）的保有率达到88.51%。

核心种质库中应保留的无性系应具有很好的代表性、异质性和多样性。分子标记只能反应在序列中DNA片段所存在的多态性，仅仅以分子标记的遗传指标来衡量种质库造成表型性状的遗传变异的丢失，因此对核心库采用表型性状进一步来衡量核心种质库的代表性。沙柳核心库L3变异系数变化率*VR*%为100.47%，表明核心库去除原群体中冗余的材料后，核心库的性状变异得到大幅度增加，很好地保存了原群体的变异。迪万（Diwan）等[178]研究表明，*VD*%＜30%且*VR*%≥70%，则可认为核心种质库代表了原群体的遗传变异。沙柳核心库L3方差差异百分率*VD*%为14.29%，极差符合率*CR*%为66.39%，表明核心库L3具有很好的代表性、异质性和多样性，适合作为沙柳核心种质资源库。

表 7–2 原群体和核心库 L3 的 9 个表型性状遗传变异比较

Table.7–2 Comparison of genetic variation between core collection and original collection on nine phenotypic traits

表型性状	平均值	标准差	最大值	最小值	变异系数	极差
叶长	6.232*	1.489	12.654	3.308	0.239	9.346
	6.5	1.797	11.559	3.642	0.276	7.917
叶面积	1.986	0.762	6.033	0.74	0.384	5.293
	2.124	0.847	4.518	0.837	0.399	3.682
叶周长	13.857	3.272	27.235	0.647	0.236	26.588
	14.461	3.812	25.267	8.614	0.264	16.653

续 表

表型性状	平均值	标准差	最大值	最小值	变异系数	极差
叶宽	0.355	0.075	0.654	0.167	0.212	0.487
	0.37	0.065	0.534	0.221	0.176	0.313
长宽比	18.238	4.586	40.222	8.349	0.251	31.873
	17.821	4.054	32.792	11.653	0.227	21.139
叶柄长	0.543	0.187	1.254	0.08	0.344	1.174
	0.537	0.194	1.119	0.088	0.362	1.03
开枝	31.334	5.796	53.32	18.84	0.185	34.48
	31.113	5.997	42.02	19.7	0.193	22.32
株高	212.477	42.287	436.000	108.000	0.199	328.000
	205.698	43.404	321.000	110.000	0.211	211.000
地径	12.690	5.437	62.580	1.620	0.428	60.960
	12.867	4.640	24.920	4.700	0.361	20.220

注：同一表型性状上下两排数值，上排为原群体表型值，下排为核心库表型值；*表示原群体与核心库*F*显著性检验下 $P<0.05$。

第四节　本章小结

本章利用SSR分子标记对国家沙柳种质资源库内收集的17个群体的528个无性系，采用改进的最小距离逐步取样法和分组最小距离法构建沙柳核心库，并对核心库进行遗传多样性和表型多样性评价。核心库L3包含53个无性系，等位基因数（A）的保有率达到88.51%；遗传多样性指标均最大，每个个体在每个位点上的等位基因（A_i）为2.363、观察杂合度（H_o）为0.607和Shannon指数为1.591。核心库L3方差差异百分率$VD\%$为14.29%，变异系数变化率$VR\%$为100.47%，极差符合率$CR\%$为66.39%，表明核心库L3具有很好的代表性、异质性和多样性，适合作为沙柳核心种质资源库。

第八章　结论与创新点

第一节 结论

利用沙柳种质资源库内17个群体的沙柳无性进行系统的表型及遗传多样性分析，进而构建沙柳指纹图谱，试寻找表型与SSR关联位点，主要结论如下：

（1）沙柳种质资源群体数量性状在群体间和群体内均具有丰富的表型变异，表型性状的巢式方差分析和AMOVA分子变异分析结果一致表明，沙柳表型变异的主要来源是群体内的变异。因此，群体内不同无性系的选育是沙柳定向育种的主要研究方向。

（2）边缘群体具有形成地理变异的趋势。表型和SSR分子标记主成分、聚类分析一致表明，分布区东北端P1、P2和P3与西南端P17群体间表型差异显著被分离出来，同时边缘群体表型多样性指数和遗传多样性指数均偏低，分布区群体可能呈现由中心向边缘群体扩张分化的趋势。

（3）利用特征谱带法选择单引物进行构建指纹图谱，I引物是最理想的引物，可鉴别最多无性系，种质鉴别率（P_2）最高达到51.72%；利用引物组合法对22对引物随机组合，选择图谱构建最佳组合为三引物I+J+U引物组合，构建了沙柳指纹图谱，组合引物种质鉴别率（PC_2）达到90.42%。如想完成更完整的图谱，可选择适当增加组合引物数，提高组合引物种质鉴别率。

（4）表型性状与SSR分子标记关联分析GLM模型分析表明，22对引物中有19对引物与9个表型性状共57个组合在$P<0.05$水平上存在显著相关；MLM模型表明，22对引物中有14对引物与9个表型性状共19个组合在$P<0.05$水平上存在显著相关。关联分析为相关性状提供了有潜力的标记资源，为沙柳分子育种与传统育种相结合，提高沙柳性状改良的效率。

（5）利用SSR分子标记构建沙柳种质核心库L3（共53个无性系），具有较高的观察杂合度（H_o）和Shannon指数，等位基因数（A）的保有率达到88.51%。对核心库L3进行表型性状评价，表明核心库L3具有很好的代表性、异质性和多样性，适合作为沙柳核心种质资源库。

第二节　创新点

本书的创新之处主要体现在以下两点：

（1）本书的研究对沙柳表型多样性、遗传多样性及遗传结构进行耦合分析，推断沙柳种群在分布区的扩张趋势；同时利用SSR进行构建沙柳核心种质库，为更好地利用沙柳种质资源提供科学依据，也为其挖掘优良基因资源和分子辅助育种奠定理论基础。

（2）本书将首次对四倍体沙柳构建指纹图谱，为沙柳种质（无性系）鉴定和管理提供理想的遗传工具，也为育种中知识产权的保护与仲裁提供了可靠的理论依据；指纹图谱的构建不仅通过等位基因、多态信息含量（PIC）及标记索引指数（MI）来确定候选引物组合，还提出了对四倍体沙柳使用组合引物种质鉴别率（PC_2）排序来确定候选引物组合。

第九章　展　望

本书利用沙柳种质资源库内17个群体的沙柳无性进行系统的表型及遗传多样性分析，进而构建沙柳指纹图谱和种质核心库，寻找表型与SSR关联位点。虽然本书在探讨沙柳种质资源表型和遗传多样性分析，以及群体遗传结构、构建指纹图谱、种质核心库和寻找表型与SSR关联位点几方面取得了初步的研究进展，但仍然存在许多不足需要或进一步研究的地方，总结如下：

（1）对表型性状进行质量性状调查过程中，对枝条和树皮颜色的调查最好使用比色卡进行调查统计，更准确。结合本书研究结果，在未来研究中在对种质资源库内表型性状调查中应补充不同物候期具体表型性状的系统调查统计。

（2）表型和SSR分子标记中均发现边缘群体出现分离的现象，表型受到环境和立地条件多重因素的影响，有待我们对其分离的原因及特点进行进一步研究与探讨沙柳起源与进化。

（3）沙柳无性系特异性分析结果表明，528份无性系中P1、P2和P17群体中存在少量重复无性系样本，群体所在种源地内蒙古达拉特旗乌兰壕、保绍圪堵和宁夏哈巴湖林场可能造林相对频繁，无性人工造林较多。在今后试验取样过程中应注意这些群体的样本是否存在重复无性系。

（4）在进行表型与SSR分子标记关联分析中，最好补充更多多态性高的SSR位点，为关联分析提供更好的关联位点。未来研究中我们试图对关联的位点进行克隆和测序，比对参照基因组杞柳（*Salix purpurea*）进行相关基因的查找与功能验证；也可待多倍体测序技术成熟时对沙柳进行简化基因组测序，查找更多更好的SNP位点，为定向育种提供更多的理论依据。

（5）应用基因型构建核心库尚存在不足之处，数量性状一般由多基因控制，虽然一些材料的基因型值相同，但其位点的组成和遗传背景不同；因此，构建核心库可进一步利用分子标记和数量性状基因型值结合来构建核心库。

附　录

附录 1　沙柳 261 份无性系指纹图谱

无性系编号	引物名称			无性系编号	引物名称			无性系编号	引物名称		
	I	J	U		I	J	U		I	J	U
1	DIJL	DDEE	HJJK	172	DDHL	BCCC	ACKK	335	DGKN	AAGH	CEII
4	DEIJ	EFGI	JJJJ	173	BEIO	DEEE	KKKK	336	BDIL	BBEK	JJJK
5	JKKQ	EEFG	JJJK	174	ADGJ	CEHK	CCKK	337	DGIM	AADE	JKKL
6	BBDJ	CCIJ	JKKK	175	DGIK	EEEG	ACKK	340	DFGM	CEEF	JJKK
8	BDEJ	EEFG	HJKK	176	DDJJ	BBFF	IJKK	351	ABBD	CDEG	EJJK
10	BIKL	FFFG	CKKK	178	DDIK	EEFG	IJKK	352	BDDG	EFFG	JJJK
13	BDDJ	BCCH	JKKK	179	BDHI	AAAG	IJJK	355	BBGI	BDEE	EJJJ
15	BBDJ	BCIJ	JKKK	182	GLMO	EEEF	KKKK	357	BEGH	FFGG	IKKK
18	DIJL	DDEE	HJJK	183	BEGH	CCEE	JKKK	359	BDKL	EFFG	EIIJ
19	BDDJ	BCCH	JKKK	184	BHHK	EFFF	JJJK	363	BDDJ	DEFG	GIKK
20	BIKL	FFFG	CKKK	185	EEHJ	BENO	EJJK	367	FFIL	BFGG	JJJK
22	DDIJ	FGHI	GIKK	192	BDIP	BEGG	CCFG	368	FFIL	FFFK	JJJK
23	DIJL	DDEE	HJJK	193	DHKM	BBEE	IIIJ	370	BBGI	BFGG	JKKK
24	DIJL	DEEE	HJJK	198	BDHN	CCGH	IJJJ	372	BBDJ	HHHI	IIJK
25	BDDJ	BCCH	JKKK	201	BDDJ	BFFG	GJKK	373	DDGK	BCEF	GIIK
26	DDIJ	FGHH	GIKK	203	BDMN	BGGM	HJJK	377	DFFI	BEEE	GJKK
28	BDEJ	EFGH	HJKK	204	DJKK	CCFF	EGIK	379	BCJK	EEGG	GGKK
30	BDDJ	BCCH	JKKK	206	BDKK	BBEE	IIJK	380	EHJM	EFFG	CIJK
32	BIKL	BFFG	CKKK	207	DGJR	BBFF	IKKK	381	EHJM	EEFG	CIJK
39	DIJL	DDEE	HJJK	208	BDDM	BEEF	HIII	386	GNOP	CEEE	EJJK
45	DDIJ	BFFG	GIKK	210	DDIM	BEFF	KKKK	388	EKLM	BCCE	HJJK
47	BIKL	DDEE	CKKK	211	EFGJ	EGHP	HJKK	391	BDGH	DEJK	HJJK
48	BBDG	BFFG	IKKK	213	GJJQ	BEFG	IJKK	392	GNOP	CEEE	HJJK
49	BBDG	BFFG	IKKK	216	DGGH	BFFG	GJKK	394	BDIM	DEJK	HJJK
50	DDGG	DDEE	KKKK	219	DGHL	BEFG	JJKK	395	BDIM	DEJK	JKKK
52	BBDJ	BCCJ	JKKK	220	DGKK	BEFF	GGKK	397	BDIM	DEEF	HJJK
54	DDIJ	FHHH	GIKK	221	DDDE	BBFF	JJKK	398	HIJK	FFFH	HJJK
58	DDIJ	FFHH	GIKK	222	BGIK	BEFF	KKKK	399	DJLN	DEFG	HJJK

续 表

无性系编号	引物名称			无性系编号	引物名称			无性系编号	引物名称		
	I	J	U		I	J	U		I	J	U
61	DDGG	CCEE	KKKK	227	DDIK	BBBE	IJKK	400	DEMO	BCDD	HJJK
63	BEKL	BBEF	IKKK	228	HHIL	EEFF	JJKK	407	BDJN	FFFF	IIKK
64	BENP	EEGG	GJJK	229	JLNN	BCCF	HJJK	408	DGGK	CCEE	CJKK
65	BDDL	DEEF	KKKK	231	GGGM	CDEF	FFJK	410	DGMN	CCNN	CCCK
66	DDDO	BCDE	GJJK	232	DIIK	CCGG	KKKK	412	BDDN	BIJJ	EJJK
67	BGIJ	BBFI	JJKK	236	DEGG	BBCE	BBBJ	415	BHJK	FFHH	JJKK
70	BDFJ	CDEG	GJKK	241	BBGJ	BBEE	IJJK	416	DHHN	BBEE	IIKK
71	BDEI	ACDE	JJJJ	242	BDGK	BCEJ	IJKK	417	DDGI	EEHH	KKKK
72	DDEG	EEHJ	CKKK	243	DDEL	AEGI	JKKK	418	DILN	EEGG	EEKL
75	BDGJ	CEFG	IIJL	244	BDGM	AEJM	IKKK	419	DGKN	EKKK	JJJK
76	BJMP	BEFG	JJKK	250	DDDM	EGGG	KKKK	426	BDGG	EEFF	CJKK
77	BEGI	AAAE	IIJK	251	EEGK	EFJK	GJKK	427	GGJN	BBEF	KKKK
78	CDEK	BCDE	GIJK	252	IKOP	EEFG	IKKK	428	DGHI	BEFF	HKKL
79	DDIJ	CDEG	GGKK	253	BDGR	DFFG	EIJL	431	DJKL	EEEI	IIJK
80	BBGL	BBCC	JJKK	254	DDFJ	DDEE	EJJK	433	BGHK	EEEG	CIJK
81	ABNO	GPPP	EGKK	255	EEFJ	DDEE	EJJK	437	DDHK	DDEE	JJKK
82	BDGG	DEFG	IKKK	257	EEHJ	EHHH	HIKK	438	DGIJ	AAAF	JJKK
83	DDII	ABCE	DJJJ	258	DGJK	BDEE	JKKL	441	DJLO	ACEE	CCJK
86	BEFJ	EGGG	JKKK	259	DDGI	EEFG	GIJJ	442	BGKO	EEGI	JJKK
88	EJJL	CCCG	KKKK	261	DDJO	BBEG	HJKK	444	BGHH	EEFF	KKKK
89	GJKK	EEEE	IIKK	263	DDDM	EGGG	KKKK	445	DIKO	EEGG	GKKK
90	EEIM	DEFG	IJKK	264	DDFJ	DDEE	EJJK	448	DHHN	BBEE	IIKK
91	DEIJ	BBBE	IJJK	267	DDEM	GGHI	JJJJ	449	BDJO	ADEI	CJKK
92	DDIM	EFGG	IJKK	269	DDDJ	BCCH	JKKK	456	BCDL	BGGG	IJJK
93	BDGQ	BBGG	GIJK	270	DDFJ	DDEE	EJJK	457	BDGP	EEFI	GGJK
95	GGHK	DEIJ	IJJK	271	IKMP	EEFG	IKKK	459	BDJP	EEEE	EIJK
96	GKKM	BEEG	JJJK	272	BDGJ	DEEE	CJJJ	460	DDMN	EGIM	EEJK
97	BDDG	CEEH	IIII	275	DDGJ	EEEF	JJKK	461	FGGH	BKKK	CJJJ
102	BDFJ	BEFI	JKKK	276	EEHJ	EGHH	HIKK	462	BBDL	BBEE	GKKK
104	DKMN	EEJJ	KKKK	277	DDDM	EFGG	KKKK	466	DEGN	EEGL	GJJK
107	DDDK	AACG	KKKL	280	BDEL	BEFI	CJJK	471	IIJO	CCEE	JJKK

续 表

无性系编号	引物名称			无性系编号	引物名称			无性系编号	引物名称		
	I	J	U		I	J	U		I	J	U
112	NNNN	FFGG	JJKK	282	DDIL	BEEF	JJJK	473	DDJN	BBBE	HJJK
113	BDKL	BEFG	IJKK	286	DFHL	BEFF	JJKK	474	DDEJ	DDEE	EJJK
115	BBIM	CCCC	IJKL	288	DHHJ	EFFI	GGIK	476	EEGK	EFFK	EGJK
116	GHJK	GGGK	CCJK	289	DKKP	BBEG	IIIK	477	GGIJ	BBEF	JJKL
118	DDIJ	BEEF	CCCJ	291	DJKP	BBEG	GGIJ	478	DDJN	BBBE	HJJK
120	BKKL	BEFF	JJJJ	292	DDDD	BEFF	EIKL	482	DHJJ	BBEE	CCKK
122	BDGI	BEFF	JKKK	293	DGHI	BBEE	CJJK	485	DDFN	FFFG	GGIK
124	BDIK	CCEE	JJKK	296	GGKN	BFGH	IIJK	486	BDDN	EEFG	KKKK
125	EIIN	BELL	IJKK	298	DKNO	BCFF	IJKK	499	DDJO	BCDE	HJJK
129	CCGG	EEFF	KKKK	299	DDIJ	EEGG	EJKK	500	DDDM	BCDE	HJJK
131	DGMN	AAHJ	JKKL	300	DJKO	BEFG	JJKK	501	DDJO	BCDE	EJJK
133	DGJL	BEGG	JKKK	301	DJKK	EEIL	CHIJ	502	DDJO	BCDE	HJJK
136	BDHJ	EEEE	FILL	303	DHHN	BEFH	JKKK	504	DDDM	BCDE	KKKK
141	DLLL	EFFG	CHIJ	304	DDEJ	CCEE	CEGK	505	DDJO	BCDE	HJJK
142	DEJM	BCCE	HKKK	307	BDHK	AEEJ	EIII	507	DDJO	BCDE	HKKK
145	BCDD	FFGH	JJJJ	309	DGHI	BEHI	KKKK	509	DDEJ	CDEE	IIJK
150	DEJJ	BBHH	FIJK	313	EEGG	CHHH	CCJK	510	DDJO	BCDE	CIJK
153	BHLM	EEGG	GIJK	315	GGKM	EEHH	JKKK	512	DDJO	BCDE	IIJJ
155	BDGJ	EFFH	IIKK	316	DDGG	AAGG	CKKL	513	DDJO	BCDE	CCEJ
158	DGHM	EEEE	IIJJ	317	DEGI	GGJJ	IJJJ	516	DDDO	BCDE	CJJK
160	BDGJ	AFFH	IJJJ	320	CGIK	CCGK	IIJK	517	DDJO	BCDE	CJJK
162	BDDD	DEFH	JKKK	321	DGJJ	BFGG	IJJJ	518	DDEJ	DEEE	IJJK
163	DGLN	EEEG	JJJK	323	BGIJ	ADEE	JKKK	519	DDJO	BCDE	IJKL
167	DDIK	EFFG	IJKK	325	DGIN	CCEE	IKKK	520	DDJO	BCDE	FIKK
168	EGJL	CDEF	EHJK	327	EEJJ	EFIJ	FIKK	521	DDGK	EFFI	CCGK
169	DDII	EFFG	JJJK	331	BIIL	EEGG	IIIK	523	DDJO	BCDE	FKKK
170	DEGH	BCEE	IIJK	333	EGGH	EEFF	JJJK	527	DDJO	BCDE	HJJK
171	DDGH	BCEE	ACJK	334	DEGN	EFFG	JKKK	528	DDEJ	CDEE	HJJK

附录 2 沙柳种质核心库 L3 的 53 份无性系编号及居群号

群体	无性系编号								
P3	64	73	74	80	82	86	88		
P4	107	122	123						
P5	125	131	134	137	141	145	146	150	153
P6	186								
P7	191	192	198	199	201	208	210	211	
P9	267								
P10	294	297	307						
P11	316	320	331						
P12	347	363	365	367					
P13	374	390	392	396					
P14	424	431							
P15	443	459	462						
P16	471	479	482	485					
P17	526								

参考文献

[1] Assessment ME. Ecosystems and human well being: Desertification synthesis[J]. Millennium Ecosystem Assessment, 2005.

[2] 刘嘉俊, 范雪蓉. 论中国土地荒漠化的类型、特点及防治对策[J]. 水土保持学报, 1999, 5(5):12-15.

[3] 李庆和, 王虎刚, 张拴虎. 浅谈中国土地荒漠化成因及防治策略[J]. 内蒙古水利, 2003, 9(4):13-14.

[4] 王守华, 王业伟, 王业锦, 等. 浅析中国土地荒漠化生态治理现状、存在问题及对策[C]. 联合国防治荒漠化公约第十三次缔约大会"防沙治沙与精准扶贫"边会论文集, 2017.

[5] Ge XH, Ren SM. Some suggestions for improving conditions on desertification in western China[J]. Quaternary Sciences, 2005,25(4):484-489.

[6] Wang X, Cheng H, Li H, et al. Key driving forces of desertification in the Mu Us desert, China[J]. Scientific Reports, 2017, 7(1):3933.

[7] Si CC, Dai ZC, Lin Y, et al. Local adaptation and phenotypic plasticity both occurred in *Wedelia trilobata* invasion across a tropical island[J]. Biological Invasions, 2014, 16(11):2323-2337.

[8] Li Y, Liu X, Ma J, et al. Phenotypic variation in *Phoebe bournei* populations preserved in the primary distribution area[J]. Journal of Forestry Research, 2018, 29(1):1-10.

[9] 李芳兰, 包维楷. 植物叶片形态解剖结构对环境变化的响应与适应[J]. 植物学报, 2005, 22(8):118-127.

[10] 王硕, 葛秀秀. 植物分枝性状研究进展[J]. 生物技术进展, 2017(2):98-101.

[11] Gomezroldan V, Fermas S, Brewer PB, et al. Strigolactone inhibition of shoot branching[J]. Nature, 2008, 455(11):189-194.

[12] Umehara M, Hanada A, Yoshida S, et al. Inhibition of shoot branching by new terpenoid plant hormones[J]. Nature, 2008, 455(11):195-200.

[13] Perdereau AC, Kelleher CT, Douglas GC, et al. High levels of gene flow and genetic

diversity in irish populations of *Salix caprea* L. Inferred from chloroplast and nuclear SSR markers[J]. BMC Plant Biology, 2014, 14:202.

[14] He X, Zheng J, Zhou J, et al. Characterization and comparison of EST-SSRs in *Salix*, *Populus*, and Eucalyptus[J]. Tree Genetics and Genomes, 2015, 11:820.

[15] Palop-Esteban M, Segarra-Moragues J, Gonzalez-Candelas F. Polyploid origin, genetic diversity and population structure in the tetraploid sea lavender *Limonium narbonense* Miller (*Plumbaginaceae*) from eastern spain[J]. Genetica, 2011, 139(10):1309-1322.

[16] Singh NB, Singh MK, Naik PK, et al. Analysis of genetic diversity in female, male and half sibs willow genotypes through RAPD and SSR markers[J]. African Journal of Biotechnology, 2013, 12(29):4578-4587.

[17] Jiang D, Wu G, Mao K, et al. Structure of genetic diversity in marginal populations of black poplar (*Populus nigra* L.)[J]. Biochemical Systematics and Ecology, 2015, 61:297-302.

[18] Girichev V, Hanke MV, Peil A, et al. SSR fingerprinting of a german rubus collection and pedigree based evaluation on trueness-to-type[J]. Genetic Resources and Crop Evolution, 2015(1):189-203.

[19] Gramazio P, Prohens J, Borràs D, et al, Herraiz FJ, Vilanova S. Comparison of transcriptome-derived simple sequence repeat (SSR) and single nucleotide polymorphism (SNP) markers for genetic fingerprinting, diversity evaluation, and establishment of relationships in eggplants[J]. Euphytica, 2017, 213(12):264-281.

[20] Liu S, Liu H, Wu A, et al. Construction of fingerprinting for Tea plant (*Camellia sinensis*) accessions using new genomic SSR markers[J]. Molecular Breeding, 2017,37(8):93-106.

[21] Wang X, Liu XJ, Xing SY, et al. AFLP analysis of genetic diversity and a construction of the core collection of partial ancient Ginkgo trees in China[J]. Acta Horticulturae Sinica, 2016,43(2):249-260.

[22] Liu XB, Li J, Yang ZL. Genetic diversity and structure of core collection of Winter mushroom (*Flammulina velutipes*) developed by genomic SSR markers[J]. Hereditas, 2018, 155(1):3-10.

[23] Campoy JA, Lerigoleurbalsemin E, Christmann H, et al. Genetic diversity, linkage disequilibrium, population structure and construction of a core collection of *Prunus avium* L. Landraces and bred cultivars[J]. BMC Plant Biology, 2016, 16:49.

[24] Luan MB, Liu CC, Wang XF, et al. SSR markers associated with fiber yield traits in ramie (*Boehmeria nivea* L. Gaudich)[J]. Industrial Crops and Products, 2017, 107:439-445.

[25] Chahota RK, Shikha D, Rana M, et al. Development and characterization of SSR markers to study genetic diversity and population structure of Horsegram germplasm (*Macrotyloma uniflorum*)[J]. Plant Molecular Biology Reporter, 2017, 35(5):550-561.

[26] Kim OG, Sa KJ, Lee JR, et al. Genetic analysis of maize germplasm in the Korean genebank and association with agronomic traits and simple sequence repeat markers[J]. Genes & Genomics, 2017, 39(8):843-853.

[27] Choudhary SB, Sharma HK, Kumar AA, et al. Genetic diversity spectrum and marker trait association for agronomic traits in global accessions of *Linum usitatissimum* L.[J]. Industrial Crops and Products, 2017, 108:604-615.

[28] Lauronmoreau A, Pitre FE, Argus GW, et al. Phylogenetic relationships of american willows (*Salix* L., salicaceae)[J]. Plos One, 2015, 4(16):1-17.

[29] Harriman NA. Willows. The genus salix[J]. Economic Botany, 2003, 57(4):650-662.

[30] Argus GW. Infrageneric classification of Salix (Salicaceae) in the new world[J]. Systematic Botany Monographs, 1997, 9(52):1-121.

[31] 马毓泉. 内蒙古植物志[M]. 内蒙古自治区：内蒙古人民出版社, 1989.

[32] 杨小玉. 5种沙生灌木叶片解剖结构与抗旱性研究[D]. 内蒙古农业大学, 2008.

[33] 张进虎. 宁夏盐池沙地沙柳柠条抗旱生理及其土壤水分特征研究[D]. 北京林业大学, 2008.

[34] 常金宝. 沙柳幼苗光合、蒸腾强度日动态变化及影响因素[J]. 内蒙古师范大学学报(自然科学汉文版), 2003,32(4):17-20.

[35] 郭二果, 马颖聪, 常金宝. 伊金霍洛旗沙柳幼苗光合、蒸腾强度日动态变化[J]. 内蒙古科技与经济, 2005,11:103-105.

[36] 陈伟月. 陕北水蚀风蚀交错带沙柳和柠条水力抗旱策略研究[D]. 西北农林科技大学, 2015.

[37] Akhtar J, Anwar-Ul-Haq M, Hussain M. Effect of soil salinity on the concentration of na+, k+ and cl in the leaf sap of the four Brassica species[J]. International Journal of Agriculture & Biology, 2002(3):385-388.

[38] 刘强，王庆成，王占武，等. 渗透调节物质作为植物抗盐性评价指标的有效性[J]. 东北林业大学学报，2014 ,42(2):78-82.

[39] 赵锡如，姚秀珍，张燕. 沙柳抗盐试验[J]. 河北农业大学学报，1991,14(2):74-78.

[40] 成铁龙，李焕勇，武海雯，等. 盐胁迫下4种耐盐植物渗透调节物质积累的比较[J]. 林业科学研究，2015, 28(6):826-832.

[41] 杨升. 滨海耐盐树种筛选及评价标准研究[D]. 中国林业科学研究院，2010.

[42] 杨进，于振闻，李紫芹，等.盐胁迫下沙柳幼苗的生理生化变化[J]. 北方园艺，2015, 5:71-78.

[43] Huang J, Zhou Y, Wenninger J, et al. How water use of *Salix psammophila* bush depends on groundwater depth in a semi-desert area[J]. Environmental Earth Sciences, 2016,75(7):1-13.

[44] Vörösmarty CJ, Green P, Salisbury J, et al. Global water resources: Vulnerability from climate change and population growth[J]. Science, 2000, 289(5477):284-288.

[45] Cheng D, Duan J, Qian K, et al. Groundwater evapotranspiration under psammophilous vegetation covers in the Mu Us Sandy Land, northern China[J]. Journal of Arid Land, 2017, 9(1):1-12.

[46] Priyana Y, Safriningsih D. The ready system of clean water for population in Musuk district to respon dry season[J]. Forum Geografi, 2017, 19(1):81-87.

[47] 肖春旺，周广胜. 不同浇水量对毛乌素沙地沙柳幼苗气体交换过程及其光化学效率的影响[J]. 植物生态学报，2001, 25(4):444-450.

[48] Xiao C, Zhou G. Study on the water balance in three dominant plants with simulated precipitation change in Maowusu sandland[J]. Acta Botanica Sinica, 2001, 43(1):82-88.

[49] 刘海燕，李吉跃，赵燕，等. 干旱胁迫对5个种源沙柳(*Salix psammophila*)气体交换及水分利用效率的影响[J]. 干旱区研究，2007, 24(6): 815-820.

[50] 李维向，刘朝霞，闫伟，等. 沙柳优良品系选育的研究[J]. 中国沙漠，2008, 28(4):679-684.

[51] 徐树林. 沙柳种子的特性及其繁殖[J]. 内蒙古林业, 1987, 2:28.

[52] 米志英, 张宏俊, 高永. 沙柳有性繁殖与关键环境因素的关系研究[J]. 中国沙漠, 2011, 31(5):1238-1241.

[53] 王颖. 毛乌素沙地沙柳的开花结实、种子萌发与优株选择[D]. 内蒙古农业大学, 2009.

[54] 马天琴. 不同平茬高度对沙柳生长状况的影响研究[D]. 内蒙古农业大学, 2017.

[55] 杨毅, 李钢铁, 李万有, 等. 库布齐沙漠东缘沙柳的适宜生长环境[J]. 内蒙古农业大学学报(自然科学版), 2010, 31(2):129-133.

[56] 莫日根苏都, 何炎红, 田有亮, 等. 不同立地沙柳生长特性的研究[J]. 安徽农业科学, 2011, 39(12):7125-7127.

[57] 原鹏飞, 丁国栋, 赵奎. 流动沙丘沙埋对沙柳生长特性的影响[J]. 水土保持研究, 2008, 15(4):53-55.

[58] Qiu GY, Gao Y, Shimizu H, et al. Study on the changes of plant diversity in the established communities for rehabilitation of desertified land[J]. Journal of Arid Land Studies, 2001, 11(9):63-70.

[59] 高永, 邱国玉, 丁国栋, 等. 沙柳沙障的防风固沙效益研究[J]. 中国沙漠, 2004, 24(3):111-116.

[60] 赵国平, 左合君, 徐连秀, 等. 沙柳沙障防风阻沙效益的研究[J]. 水土保持学报, 2008, 22(2):38-41.

[61] 高永. 沙柳沙障[M]. 北京:科学出版社, 2013.

[62] 王翔宇, 丁国栋, 高函, 等. 带状沙柳沙障的防风固沙效益研究[J]. 水土保持学报, 2008, 22(2):42-46.

[63] Li C, Yang X, Zhang Z, et al. Hydrothermal liquefaction of desert shrub *Salix psammophila* to high value-added chemicals and hydrochar with recycled processing water[J]. Bioresources, 2013, 8(2):2981-2997.

[64] Guo X, Zhao Y, Yan X, et al. Alcoholysis of *Salix psammophila* liquefaction[J]. Science & Technology Review, 2014, 32(31):37-40.

[65] 蒋忠道. 沙柳可作为一种造纸工业原料[J]. 造纸信息, 2000,4:22.

[66] 周宝. 沙柳制浆造纸性能的研究[D]. 山东轻工业学院, 2010.

[67] 薛玉, 杨桂花, 陈嘉川, 等. 沙柳P-RC APMP制浆工艺条件的研究[J]. 中华纸业,

2011,32(20):21-23.

[68] Qu L, Chen JC, Yang GH, et al. Effect of different process on the pulping properties of *Salix psammophila* P-RC APMP[J]. Advanced Materials Research, 2012,31(3):581-585.

[69] 聂勋载，刘世海，张志芬，等. APSP(ASP) 沙柳化机浆的研制 [J]. 西南造纸，2005,34(5):10-11.

[70] 张晓燕. 不同预处理方法对玉米秸秆和沙柳纤维素降解率和乙醇产量的影响 [D]. 内蒙古工业大学，2017.

[71] 于志刚，史海元，张霞. 沙柳作为生物质发电厂燃料的可行性分析 [J]. 内蒙古石油化工，2008,34(21):35-36.

[72] 李长军. 沙柳水热转化制备生物油和生物碳的研究 [D]. 复旦大学，2013.

[73] 袁大伟. 沙柳液化产物制备聚氨酯 / 环氧树脂互穿网络聚合物泡沫的研究 [D]. 内蒙古农业大学，2017.

[74] 盛卫. 沙柳纳米纤维素的制备及表征 [D]. 苏州大学，2015.

[75] 盛卫，董伊航，周宁，等. 沙柳皮基微晶纤维素的制备及其性能表征 [J]. 纺织学报，2016, 37(6):7-12.

[76] 张秀芳，王克冰，宫聚辉，等. 沙柳直接醇解制备乙酰丙酸乙酯的工艺研究 [J]. 内蒙古农业大学学报 (自然科学版), 2017, 38(2):93-99.

[77] 高冠慧. 沙柳、柠条液化产物分离及其结构分析的研究 [D]. 内蒙古农业大学，2008.

[78] 周宇. 沙柳材液化及液化产物制备聚氨酯泡沫材料的研究 [D]. 内蒙古农业大学，2016.

[79] Shi C, Yang T, Huang W. Effect of *Salix psammophila* checkerboard on physical and chemical characteristics of sandy soil[J]. Protection Forest Science & Technology, 2014,8:5-7.

[80] 杨爱荣. 沙柳液化产物合成纺丝液及成丝的研究 [D]. 内蒙古农业大学，2010.

[81] 红岭，曹琪，刘瑶，等. 单板种类对沙柳复合层积板力学性能影响 [J]. 森林工程，2016,32(5):27-30.

[82] 高利. 沙柳刨花板——伊盟林业的第二次飞跃 [J]. 内蒙古林业，1994,1:17.

[83] 高峰，张桂兰，吴彤. 沙柳塑料刨花板制造工艺的研究 [J]. 内蒙古农业大学学报 (自然科学版), 2011,32(4):242-247.

[84] 于晓芳，王喜明. E1级沙柳材刨花板研制及效益分析[J]. 内蒙古农业大学学报(自然科学版), 2010,31(3):236-240.

[85] 李奇，高峰，赵雪松，等. 沙柳重组模板基材制造工艺研究[J]. 内蒙古农业大学学报(自然科学版), 2010,31(1):205-209.

[86] 李奇，赵雪松，高峰，等. 混凝土模板用沙柳重组复合板的制备工艺[J]. 木材工业, 2011,25(3):19-22.

[87] 张燕. 总投资15亿元的沙产业示范项目落户伊金霍洛旗[J]. 内蒙古林业, 2016,9:48.

[88] 周锋利. 沙柳木屑栽培杏鲍菇与菌糠利用技术研究[D]. 西北农林科技大学, 2013.

[89] 曹志伟，王欣，张加明，等. 利用沙柳制备活性炭纤维吸附材料的研究[J]. 内蒙古农业大学学报(自然科学版), 2017,38(1):82-88.

[90] Bao Y, Zhang G. Study of adsorption characteristics of methylene blue onto activated carbon made by *Salix psammophila*[J]. Energy Procedia, 2012, 16(1):1141-1146.

[91] Garvin DF, Weeden NF. Genetic linkage between isozyme, morphological, and DNA markers in Tepary bean[J]. Journal of Heredity, 2017, 85(4):273-278.

[92] Thanh ND. DNA marker techniques in study and selection of plant[J]. Neuroscience Research, 2015, 36(3):179-181.

[93] Berg JHVD, Chasalow SD, Waugh R. RFLP mapping of plant nuclear genomes: Planning of experiments, linkage map construction, and QTL mapping[J]. Plant Molecular Biology, 1997,334-396.

[94] Tsarouhas V, Gullberg U, Lagercrantz U. An AFLP and RFLP linkage map and quantitative trait locus (QTL) analysis of growth traits in salix[J]. Theoretical & Applied Genetics, 2002, 105:277-288.

[95] Power EG. RAPD typing in microbiology--a technical review[J]. Journal of Hospital Infection, 1996, 34(4):247-265.

[96] 刘晓宇. RAPD分子标记技术概述及应用[J]. 科技创新与生产力, 2010, 9:98-99.

[97] Pei MH, Whelan MJ, Halford NG, et al. Distinction between stem- and leaf-infecting forms of melampsora rust on *salix viminalis* using rapd markers[J]. Mycological Research, 1997, 101(1):7-10.

[98] Lin J, Gunter LE, Harding SA, et al. Development of AFLP and RAPD markers linked

to a locus associated with twisted growth in corkscrew willow (*Salix matsudana* 'tortuosa')[J]. Tree Physiol, 2007, 27(11):1575-1583.

[99] Gunter LE, Roberts GT, Lee K, et al. The development of two flanking scar markers linked to a sex determination locus in *Salix viminalis* L.[J]. Journal of Heredity, 2003, 94(2):185-189.

[100] Alstromrapaport C, Lascoux M, Wang Y, et al. Identification of a RAPD marker linked to sex determination in the basket willow (Salix viminalis L.)[J]. Journal of Heredity, 1998, 89(1):44-49.

[101] Przyborowski JA, Sulima P. The analysis of genetic diversity of Salix viminalis genotypes as a potential source of biomass by RAPD markers[J]. Industrial Crops & Products, 2010, 31(2):395-400.

[102] Pawel S, Jerzya P, Dariusz Z. RAPD markers reveal genetic diversity in *Salix purpurea* L.[J]. Crop Science, 2009, 49(3):857-863.

[103] Sulima P, Prinz K, Przyborowski JA. Genetic diversity and genetic relationships of purple willow (*Salix purpurea* L.) from natural locations[J]. International Journal of Molecular Sciences, 2018, 19:1-14.

[104] Shaowei MA, Dong J, Liu G. Rapd analysis of genetic diversity of *Salix gordejevii* in Inner mongolia[J]. Journal of Arid Land Resources & Environment, 2017, 31(8),175-180.

[105] Jiang Z, Lin N. A review on some technical problems in RAPD application[J]. Journal of Fujian Agricultural University, 2002,31(3):356-360.

[106] Miao Y. AFLP marker and its application (a review)[J]. Subtropical Plantence, 1999,28(2),55-60.

[107] Hanley S, Barker J, Ooijen JV, et al. A genetic linkage map of willow (*Salix viminalis*) based on AFLP and microsatellite markers[J]. Theoretical & Applied Genetics, 2002, 105(6):1087-1096.

[108] Rönnberg-Wästljung AC, Tsarouhas V, Semirikov V, et al. A genetic linkage map of a tetraploid *Salix viminalis* × *S. Dasyclados hybrid* based on AFLP markers[J]. Forest Genetics, 2003, 10(3):185-194.

[109] Barker JHA, Matthes M, Arnold GM, et al. Characterisation of genetic diversity in

potential biomass willows (Salix spp.) by RAPD and AFLP analyses[J]. Genome, 1999, 42(2):173-183.

[110] Beismann H, Barker JHA, Karp A, et al. AFLP analysis sheds light on distribution of two Salix species and their hybrid along a natural gradient[J]. Mollecular Ecology, 2010, 6(10):989-993.

[111] 朱岩芳, 祝水金, 李永平, 等. ISSR分子标记技术在植物种质资源研究中的应用[J]. 种子,2010, 29(2):55-59.

[112] 杨玉玲, 马祥庆, 张木清. ISSR分子标记及其在树木遗传育种研究中的应用[J]. 亚热带农业研究, 2006,2(1):18-24.

[113] In PJ, Eun CG, Ik NJ, et al. Genetic diversity of *Salix* ***koreensis*** based on inter-simple sequence repeat (ISSR) in South Korea[J]. BMC Proceedings, 2011, 5(Suppl 7): 1-15.

[114] Ghaidaminiharouni M, Rahmani F, Khodakarimi A. The analysis of genetic diversity in willow (*Salix* spp.) by ISSR markers[J]. Indian Journal of Genetics & Plant Breeding, 2017, 77(2):321-331.

[115] Ngantcha AC. DNA fingerprinting and genetic relationships among willow (*Salix* spp.)[D]. In the Department of Plant Sciences University of Saskatchewan, 2010.

[116] Pogorzelec M, Głębocka K, Hawrylaknowak B, et al. Assessment of chosen reproductive cycle processes and genetic diversity of *Salix myrtilloides* L.. In wetlands of polesie lubelskie: The prospects of its survival in the region[J]. Polish Journal of Ecology, 2015, 63:352-364.

[117] 许家磊, 王宇, 后猛, 等. SNP检测方法的研究进展[J]. 分子植物育种, 2015,13(2):475-482.

[118] Gouker FE. Dissection of genotypic and phenotypic variation in shrub willow (*Salix purpurea* L.)[J]. Plant & Animal Genome, 2017.

[119] Carlson CH, Gouker FE, Serapiglia MJ, et at. Annotation of the *Salix purpurea* L. Genome and gene families important for biomass production[C]. International Plant and Animal Genome Conference Xxii. 2014.

[120] Tsarouhas V, Gullberg U, Lagercrantz U. Mapping of quantitative trait loci controlling timing of bud flush in salix[J]. Hereditas, 2010, 138(3):172-178.

[121] Sharopova N, Mcmullen MD, Schultz L, et al. Development and mapping of SSR markers for maize[J]. Plant Molecular Biology, 2002,48(5):463-481.

[122] Senan S, Kizhakayil D, Sasikumar B, et al. Methods for development of microsatellite markers: An overview[J]. Notulae Scientia Biologicae, 2014,6(1):1-13.

[123] Emanuelli F, Lorenzi S, Grzeskowiak L, et al. Genetic diversity and population structure assessed by SSR and SNP markers in a large germplasm collection of grape[J]. BMC Plant Biology, 2013,13:39.

[124] 陈立强，师尚礼. 42份紫花苜蓿种质资源遗传多样性的SSR分析[J]. 草业科学，2015, 32(3):372-381.

[125] 郭敏. 祁连山山生柳群体遗传多样性的SSR分析[D]. 甘肃农业大学，2012.

[126] Perdereau AC, Kelleher CT, Douglas GC, et al. High levels of gene flow and genetic diversity in irish populations of *Salix caprea* L. Inferred from chloroplast and nuclear SSR markers[J]. BMC Plant Biology, 2014, 14:202.

[127] 李小龙. 沙柳种质资源库遗传多样性的SSR分子标记分析[D]. 内蒙古农业大学，2011.

[128] Schuelke M. An economic method for the fluorescent labeling of PCR fragments[J]. Nature Biotechnology, 2000,18(2):233-234.

[129] Schuelke M. An economic method for the fluorescent labeling of PCR fragments[J]. Nature Biotechnology, 2000,18(2):233-234.

[130] 梁玉琴，张嘉嘉，梁晋军，等. 河南省柿种质资源的遗传多样性[J]. 林业科学，2015,51(6):71-80.

[131] Jia H, Yang H, Sun P, et al. De novo transcriptome assembly, development of EST-SSR markers and population genetic analyses for the desert biomass willow, *Salix psammophila*[J]. Scientific Reports, 2016,6:39591.

[132] J R, Rdens. Progress of plant variety protection based on the international convention for the protection of new varieties of plants (UPOV Convention)[J]. World Patent Information, 2005, 27(3):232-243.

[133] 贾会霞，姬慧娟，胡建军，等. 杨树新品种的SSR指纹图谱构建和倍性检测[J]. 林业科学，2015,51(2):69-79.

[134] 叶春秀，姜继元，董鹏，等. 基于SSR标记的新疆塔里木河流域柽柳指纹图谱构

建及遗传多样性分析[J]. 分子植物育种, 2015,13(11):2566-2571.

[135] Individual specific 'fingerprints' of human DNA[J]. Nature ,1985,316 (4):76-79.

[136] 郭景伦, 赵久然, 孔艳芳, 等. 引物组合法在利用DNA指纹鉴定玉米自交系真伪中的应用研究[J]. 华北农学报, 2000,15(2):27-31.

[137] 周天华, 黎君, 丁家玺, 等. 白及种质资源及其近缘种的SSR指纹图谱研究[J]. 西北植物学报, 2017,37(4):673-681.

[138] 王清明, 程怡, 马建伟, 等. 基于引物“随机组合”构建观赏桃SSR指纹图谱[J]. 广西植物, 2016,36(3):289-296.

[139] 杨小红, 严建兵, 郑艳萍, 等. 植物数量性状关联分析研究进展[J]. 作物学报, 2007,33(4):523-530.

[140] 谭贤杰, 吴子恺, 程伟东, 等. 关联分析及其在植物遗传学研究中的应用[J]. 植物学报, 2011,46(1):108-118.

[141] Tsarouhas V, Gullberg U, Lagercrantz U. Mapping of quantitative trait loci (QTLs) affecting autumn freezing resistance and phenology in Salix[J]. Theoretical & Applied Genetics, 2004, 108(7):1335-1342.

[142] Lande R, Thompson R. Efficiency of marker-assisted selection in the improvement of quantitative traits[J]. GENETICS, 1990, 124(3):743-756.

[143] 吴静, 成仿云, 庞利铮, 等. 紫斑牡丹表型性状与SSR分子标记的关联分析[J]. 北京林业大学学报, 2016, 38(8):80-87.

[144] Lou Y, Hu L, Chen L, et al. Association analysis of simple sequence repeat (SSR) markers with agronomic traits in Tall Fescue (*Festuca arundinacea* schreb.)[J]. PLOS ONE, 2015,10(7):e0133054.

[145] Gaut BS, Long AD. The lowdown on linkage disequilibrium[J]. Plant Cell, 2003,15(7):1502-1506.

[146] Remington DL, Thornsberry JM, Matsuoka Y, et al. Structure of linkage disequilibrium and phenotypic associations in the maize genome[J]. Proceedings of the National Academy of Sciences of the United States of America, 2001,98(20):11479-11484.

[147] 游光霞, 张学勇. 基于选择牵连效应的标记/性状关联分析方法简介[J]. 遗传, 2007, 29(7):881-888.

[148] Flint-Garcia SA, Thuillet AC, Yu J, et al. Maize association population: A high-resolution platform for quantitative trait locus dissection[J]. Plant Journal for Cell & Molecular Biology, 2005, 44(6):1054-1064.

[149] Yu J, Buckler ES. Genetic association mapping and genome organization of maize[J]. Current Opinion in Biotechnology, 2006,17(2):155-160.

[150] Flint-Garcia SA, Thornsherry JM, Buckler. Structure of linkage disequilibrium in plants[J]. Annual Review of Plant Biology, 2003,54(4):357-374.

[151] Thornsherry JM, Goodman MM, Doebley J, et al. *Dwarf8* polymorphisms associate with variation in flowering time[J]. Natural genetics, 2001,28(3):286-289.

[152] Doerge RW. Mapping and analysis of quantitative trait loci in experimental populations[J]. Nature Reviews Genetics, 2002,3(1):43-52.

[153] Holland JB. Genetic architecture of complex traits in plants[J]. Current Opinion in Plant Biology, 2007,10(2):156-161.

[154] Chen H, Semagn K, Iqbal M, et al. Genome-wide association mapping of genomic regions associated with phenotypic traits in Canadian western spring wheat[J]. Molecular Breeding, 2017,37:141.

[155] Bordes J, Goudemand E, Duchalais L, et al. Genome-wide association mapping of three important traits using bread wheat elite breeding populations[J]. Molecular Breeding, 2014,33(4):755-768.

[156] Tadesse W, Ogbonnaya FC, Jighly A, et al. Genome-wide association mapping of yield and grain quality traits in winter wheat genotypes[J]. Plos One, 2015,10(23):1-18.

[157] Ueda Y, Frimpong F, Qi Y, et al. Genetic dissection of ozone tolerance in Rice (*Oryza sativa* L.) by a genome-wide association study[J]. Journal Experimental Botany, 2015,66(1):293-306.

[158] Begum H, Spindel JE, Lalusin A, et al. Genome-wide association mapping for yield and other agronomic traits in an elite breeding population of tropical rice (*Oryza sativa*)[J]. Plos One, 2015,3(18):1-19.

[159] Riedelsheimer C, Lisec J, Czedik EA, et al. Genome-wide association mapping of leaf metabolic profiles for dissecting complex traits in maize[J]. Proceedings of the National Academy of Sciences, 2012,109(23):8872-8877.

[160] Dai L, Wu L, Dong Q, et al. Genome-wide association study of field grain drying rate after physiological maturity based on a resequencing approach in elite maize germplasm[J]. Euphytica, 2017,213:182.

[161] Pan Q, Li L, 2, Yang X, et al. Genome-wide recombination dynamics are associated with phenotypic variation in Maize[J]. New Phytologist, 2016,210(3):1083-1094.

[162] Fahrenkrog AM, Neves LG, Resende MFR, et al. Genome - wide association study reveals putative regulators of bioenergy traits in *Populus deltoides*[J]. New Phytologist, 2016,213(2):799-811.

[163] Tuskan G, Slavov G, Difazio S, et al. Populus resequencing: Towards genome-wide association studies[J]. BMC Proceedings, 2011,5(7):121.-122

[164] Shanmugapriya A, Bachpai VKW, Ganesan M, et al. Association analysis for vegetative propagation traits in eucalyptus tereticornis and eucalyptus camaldulensis using simple sequence repeat markers[J]. Proceedings of the National Academy of Sciences India, 2015, 85(2):653-658.

[165] Müller BSF, Neves LG, De Almeida Filho JE, et al. Genomic prediction in contrast to a genome-wide association study in explaining heritable variation of complex growth traits in breeding populations of eucalyptus[J]. BMC Genomics, 2017,18:524.

[166] Lu M, Krutovsky KV, Nelson CD, et al. Association genetics of growth and adaptive traits in Loblolly pine (*Pinus taeda* L.) using whole-exome-discovered polymorphisms[J]. Tree Genetics & Genomes, 2017,13:57.

[167] Chhatre VE, Byram TD, Neale DB, et al. Genetic structure and association mapping of adaptive and selective traits in the east texas Loblolly pine (*Pinus taeda* L.) breeding populations[J]. Tree Genetics and Genomes, 2013,9(5):1161-1178.

[168] Frankel OH. Genetic perspectives of germplasm conservation[J]. 1984, 9(5): 161-170.

[169] Raamsdonk LWDV, Wijnker J. The development of a new approach for establishing a core collection using multivariate analyses with Tulip as case[J]. Genetic Resources & Crop Evolution, 2000,47(4):403-416.

[170] 白卉. 山杨遗传多样性研究与核心种质构建及利用[D]. 东北林业大学, 2010.

[171] 玉苏甫·阿不力提甫. 新疆的梨种质资源评价及核心种质库构建[D]. 新疆农业大学, 2014.

[172] 周佳萍. 烟草核心种质库构建及遗传多样性研究[D]. 浙江大学, 2012.

[173] 曾宪君. 欧洲黑杨（*Populus nigra* L.）优质核心种质库构建研究[D]. 中国林业科学研究院, 2014.

[174] 倪茂磊. 美洲黑杨遗传多样性分析与核心种质库构建[D]. 南京林业大学, 2011.

[175] Hu J, Zhu J, Xu HM. Methods of constructing core collections by stepwise clustering with three sampling strategies based on the genotypic values of crops[J]. Theoretical & Applied Genetics, 2000,101:264-268.

[176] 胡晋, 徐海明. 基因型值多次聚类法构建作物种质资源核心库[J]. 生物数学学报, 2000, 15(1):103-109.

[177] Wang JC, Hu J, Xu HM, et al. A strategy on constructing core collections by least distance stepwise sampling[J]. Theoretical & Applied Genetics, 2007,115(1):1-8.

[178] Diwan N, Mcintosh MS, Bauchan GR. Methods of developing a core collection of annual medicago species[J]. Theoretical & Applied Genetics, 1995,90(6):755-761.

[179] 王建成, 胡晋, 张彩芳, 等. 建立在基因型值和分子标记信息上的水稻核心种质评价参数[J]. 中国水稻科学, 2007,21(1):51-58.

[180] Wang JC, Hu J, Liu NN, et al. Investigation of combining plant genotypic values and molecular marker information for constructing core subsets[J]. 植物学报(英文版), 2006, 48(11):1371-1378.

[181] 阎爱民, 陈文新. 苜蓿、草木樨、锦鸡儿根瘤菌的表型多样性分析[J]. 生物多样性, 1999,7(2):112-118.

[182] Alnashash A, Migdadi H, Shatnawi MA, et al. Assessment of phenotypic diversity among Jordanian Barely landraces (*Hordeum vulgare* L.)[J]. Biotechnology, 2007,6(2):232-238.

[183] Rabara R, Ferrer MC, Diaz CL, et al. Phenotypic diversity of farmers' traditional rice varieties in the Philippines[J]. Agronomy, 2014,4(2):217-241.

[184] Querogarcia J, Ivancic A, Lebot V. Morphological variation and reproductive characteristics of wild Giant taro (Alocasia macrorrhizos, Araceae) populations in Vanuatu[J]. New Zealand Journal of Botany, 2008,46(2):189-203.

[185] Jaradat AA, Rinke JL. Phenotypic divergence and population variation in Cuphea[J]. Journal of Agronomy, 2008,7(1):25-32.

[186] Marshall B, Harrison RE, Graham J, et al. Spatial trends of phenotypic diversity between colonies of wild Raspberry Rubus idaeus[J]. New Phytologist, 2001, 151(3):671-682.

[187] Dangasuk OG, Panetsos KP. Altitudinal and longitudinal variations in *Pinus brutia* (Ten.) of crete island, greece: Some needle, cone and seed traits under natural habitats[J]. New Forests, 2004, 27(3):269-284.

[188] Peterson BJ, Graves WR, Sharma J. Phenotypic and genotypic diversity of eastern leatherwood in five populations that span its geographic distribution[J]. American Midland Naturalist, 2011, 165(1):1-21.

[189] Chisha KE, Woodward S, Price A. Phenotypic variation among five provenances of pterocarpus angolensis in Zimbabwe and Zambia[J]. Southern Forests A Journal of Forest Science, 2009,71(1):41-47.

[190] Ombirsingh, Satyambordoloi, Mahanta N. Variability in cone, seed and seedling characteristics of *Pinus kesiya* Royle ex. Gordon[J]. Journal of Forestry Research, 2015, 26(2):331-337.

[191] Xu Y, Woeste K, Cai N, et al. Variation in needle and cone traits in natural populations of *Pinus yunnanensis*[J]. Journal of Forestry Research,2016, 27(1):1-9.

[192] Vaughan DA, Song G, Kaga A, et al. Phylogeny and biogeography of the genus Oryza[M]. Springer Berlin Heidelberg; 2008

[193] 续九如，黄智慧. 林业实验设计[M]. 北京：中国林业出版社，1995.

[194] 葛颂，王明庥，陈岳武. 用同工酶研究马尾松群体的遗传结构[J]. 林业科学，1988, 24(4):399-409.

[195] Pielou EC. An introduction to mathematical ecology[J]. Bioscience, 1969,24(2):7-12.

[196] Fogelqvist J, Verkhozina AV, Katyshev AI, et al. Genetic and morphological evidence for introgression between three species of willows[J]. BMC Evolutionary Biology, 2015,15(1):193.

[197] 黄勇，谢一青，李志真，等. 小果油茶表型多样性分析[J]. 植物遗传资源学报，2014,15(2):270-278.

[198] 李文英,顾万春. 蒙古栎天然群体表型多样性研究[J]. 林业科学,2005,41(1):49-56.

[199] 张翠琴,姬志峰,林丽丽,等. 五角枫种群表型多样性[J]. 生态学报,2015,35(16):5343-5352.

[200] 余诚棋,杨万霞,方升佐,等. 青钱柳天然群体种子性状表型多样性[J]. 应用生态学报,2009, 20(10):2351-2356.

[201] 冯毅,王朱涛,蔡应君,等. 川西北地区康定柳天然群体表型多样性研究[J]. 西南林学院学报,2010,30(4):11-15.

[202] 李伟,林富荣,郑勇奇,等. 皂荚南方天然群体种实表型多样性[J]. 植物生态学报,2013, 37(1):61-69.

[203] 李斌,顾万春,卢宝明. 白皮松天然群体种实性状表型多样性研究[J]. 生物多样性,2002, 10(2):181-188.

[204] 王源秀,徐立安,黄敏仁. 柳树遗传学研究现状与前景[J]. 植物学通报,2008,25(2):240-247.

[205] 韩彪,穆艳娟,韩庆军,等. 柳树表型遗传多样性研究[J]. 山东林业科技,2016,46(1):5-9.

[206] Hamrick JL, Godt MJW. Conservation genetics of endemic plant species[M]. Conversation Genetics; 1996.

[207] 吴根松,孙丽丹,郝瑞杰,等. 梅花种质资源表型多样性研究[J]. 安徽农业科学,2011,39(20):12008-12012.

[208] 魏仕伟,杨华,张前荣,等. 基于表型性状的叶用莴苣资源多样性分析[J]. 植物遗传资源学报,2016,17(5):871-876.

[209] 李萍萍,孟衡玲,陈军文,等. 云南岩陀及其近缘种质资源群体表型多样性[J]. 生态学报,2012,32(24):7747-7756.

[210] Reisch C, Schurm S, Poschlod P. Spatial genetic structure and clonal diversity in an alpine population of *Salix herbacea* (Salicaceae)[J]. Annals of Botany, 2007,99(4):647-651.

[211] Cameron KD, Teece MA, Bevilacqua E, et al. Diversity of cuticular wax among Salix species and Populus species hybrids[J]. Phytochemistry, 2002,60(7):715-725.

[212] 刘娟,廖康,刘欢,等. 新疆野杏种质资源表型性状多样性研究[J]. 西北植物学报,2015,35(5):1021-1030.

[213] 刁松锋，邵文豪，姜景民，等．基于种实性状的无患子天然群体表型多样性研究[J]. 生态学报，2014,34(6):1451-1460.

[214] Thibault J. Nuclear DNA amount in Pure species and hybrid willows (Salix): A flow[J]. Canadian Journal of Botany, 1998, 76(1):157-165.

[215] Carroll SB. Evo devo and an expanding evolutionary synthesis: A genetic theory of morphological evolution[J]. Cell, 2008,134(1):25-36.

[216] Sedlacek J, Cortes AJ, Wheeler J, et al, Hoch G, Klapste J, Lexer C, Rixen C, Wipf S, Karrenberg S, Van Kleunen M. Evolutionary potential in the Alpine: Trait heritabilities and performance variation of the dwarf willow *Salix herbacea* from different elevations and microhabitats[J]. Ecology & Evolution, 2016,6(12):3940-3952.

[217] Esselink GD, Nybom H, Vosman B. Assignment of allelic configuration in polyploids using the mac-pr (microsatellite DNA allele counting-peak ratios) method[J]. Theoretical & Applied Genetics, 2004,109(2):402-408.

[218] Ph T, A Y. Autotet: A program for analysis of autotetraploid genotypic data[J]. Journal of Heredity, 2000,91(4):348-349.

[219] 范英明，张登荣，于大德，等．河北省华北落叶松天然群体遗传多样性分析[J]. 植物遗传资源学报，2014,15(3):465-471.

[220] Nagy S, Poczai P, Cernák I, et al. PICcalc: An online program to calculate polymorphic information content for molecular genetic studies[J]. Biochemical Genetics, 2012,50(9):670-672.

[221] Tang QY, Zhang CX. Data processing system (DPS) software with experimental design, statistical analysis and data mining developed for use in entomological research[J]. Insect Science, 2013,20(2):254-260.

[222] Rod Peakall, Smouse PE. GENALEX 6.5: Genetic analysis in excel. Population genetic software for teaching and research—an update[J]. Bioinformatics, 2012,28(28):2537-2539.

[223] Nei M, Tajima F, Tateno Y. Accuracy of estimated phylogenetic trees from molecular data[J]. Journal of Molecular Evolution, 1983(2):153-170.

[224] Tamura K, Stecher G, Peterson D, et al. Mega6: Molecular evolutionary genetics

analysis version 6.0[J]. Molecular Biology & Evolution, 2013,30(12):2725-2729.

[225] Porras HL, Ruiz Y, Santos C, et al. An overview of structure: Applications, parameter settings, and supporting software[J]. Front Genet, 2013, 4:98.

[226] 董明亮，高嘉玥，孙文婷，等. 北京市华北落叶松优树群体遗传多样性分析[J]. 植物遗传资源学报，2016,17(4):616-624.

[227] Berlin S, Trybush SO, Fogelqvist J, et al. Genetic diversity, population structure and phenotypic variation in European *Salix viminalis* L. (Salicaceae)[J]. Tree Genetics & Genomes, 2014,10(6):1595-1610.

[228] Trybush SO, Jahodová Š, ČížKová L, et al. High levels of genetic diversity in *Salix viminalis* of the czech republic as revealed by microsatellite markers[J]. Bioenergy Research, 2012,5(4):969-977.

[229] Perdereau AC, Kelleher CT, Douglas GC, et al. High levels of gene flow and genetic diversity in Irish populations of *salix caprea* L. Inferred from chloroplast and nuclear SSR markers[J]. BMC Plant Biology, 2014,14(1):202.

[230] Palop EM, Segarra MJ, González CF. Polyploid origin, genetic diversity and population structure in the tetraploid sea lavender *Limonium narbonense* Miller (*Plumbaginaceae*) from eastern Spain[J]. Genetica, 2011,139(10):1309-1322.

[231] Dong ML, Gao JY, Sun WT, et al. Genetic diversity and population structure of elite Larix principis-rupprechtii Mayr in Beijing[J]. Journal of Plant Genetic Resources, 2016,17(4):616-624.

[232] Jun LI, Yang H, Zhou T. Microsatellite primer screening and population genetic diversity of *Bletilla striata* (Thunb.) Rchb.f [J]. Acta Botanica Boreali-Occidentalia Sinica, 2016,36(7):1343-1350.

[233] 张玲，焦培培，李志军. 中国新疆灰叶胡杨群体遗传多样性的SSR分析[J]. 生态学杂志，2012, 31(11):2755-2761.

[234] 卫尊征. 小叶杨遗传资源评价及重要性状的SSRs关联分析[D]. 北京林业大学，2010.

[235] 王源秀，徐立安，黄敏仁. 柳树遗传学研究现状与前景[J]. 植物学报，2008, 25(2):240-247.

[236] 韩彪，穆艳娟，韩庆军，等. 柳树表型遗传多样性研究[J]. 山东林业科技，2016,

46(1):5-9.

[237] 郝蕾，张国盛，穆喜云，等. 沙柳种质资源居群表型多样性[J]. 西北植物学报，2017, 37(5):1012-1021.

[238] 郝蕾，张国盛，白玉荣，等. 沙柳居群间叶片性状的变异[J]. 干旱区资源与环境，2015,29(10):112-116.

[239] N F, Py W, Xd L, et al. Use of ESR-SSR markers for evaluating genetic diversity and fingerprinting Celery (*Apium graveolens* L.) cultivars[J]. Molecules, 2014,19(2):1939-1955.

[240] Tan LQ, Peng M, Xu LY, et al. Fingerprinting 128 Chinese clonal tea cultivars using SSR markers provides new insights into their pedigree relationships[J]. Tree Genetics & Genomes, 2015,11:90.

[241] Huang GH, Liang KN, Zhou ZZ, et al. SSR genotyping--genetic diversity and fingerprinting of Teak (*Tectona grandis*) clones[J]. Journal of Tropical Forest Science, 2016,28(1):48-58.

[242] Njung'e V, Deshpande S, Siambi M, et al. SSR genetic diversity assessment of popular pigeonpea varieties in Malawi reveals unique fingerprints[J]. Electronic Journal of Biotechnology, 2016,21:65-71.

[243] 朱岩芳. 作物品种分子标记鉴定及指纹图谱构建研究[D]. 浙江大学，2013.

[244] Schlautman B, Bolivar-Medina J, Hodapp S, et al. Cranberry SSR multiplexing panels for DNA horticultural fingerprinting and genetic studies[J].Scientia Horticulturae, 2017,219:280-286.

[245] 刘洪博，范源洪，陆鑫，等. 29份云南甘蔗创新种质的SSR遗传多样性分析和指纹图谱构建[J]. 西北植物学报，2015, 35(12):2414-2421.

[246] 叶春秀，李全胜，李有忠，等. 新疆早熟陆地棉SSR标记遗传多样性分析及指纹图谱构建[J]. 西北农业学报，2015, 24(2):73-78.

[247] 王凤格，赵久然，郭景伦，等. 比较三种DNA指纹分析方法在玉米品种纯度及真伪鉴定中的应用[J]. 分子植物育种，2003,1(5):655-66

[248] Chen Y, Dai X, Hou J, et al. DNA fingerprinting of oil *Camellia cultivars* with SSR markers[J]. Tree Genetics & Genomes, 2016,12:7.

[249] Kaur S, Panesar PS, Bera MB, et al. Simple sequence repeat markers in genetic

divergence and marker-assisted selection of rice cultivars: A review[J]. Critical Reviews in Food Science & Nutrition, 2015,55(1):41-49.

[250] Ceballos H, Kawuki RS, Gracen VE, et al. Conventional breeding, marker-assisted selection, genomic selection and inbreeding in clonally propagated crops: A case study for Cassava[J]. Theoretical & Applied Genetics, 2015,128(9):1647.

[251] 司二静，张宇，汪军成，等. 大麦农艺性状与SSR标记的关联分析[J]. 作物学报，2015,41(7):1064-1072.

[252] Wang R, Yu Y, Zhao J, et al. Population structure and linkage disequilibrium of a mini core set of maize inbred lines in China[J]. Theoretical & Applied Genetics, 2008,117(7):1141-1153.

[253] Botstein D, White RL, Skolnick M, et al. Construction of a genetic linkage map in man using restriction fragment length polymorphisms[J]. American Journal of Human Genetics, 1980, 32(3):314-331.

[254] Taški-Ajduković K, Nagl N, Ćurčić Ž, et al. Estimation of genetic diversity and relationship in Sugar beet pollinators based on SSR markers[J]. Electronic Journal of Biotechnology, 2017, 27(3):1-7.

[255] Ahmad S, Kaur S, Lamb Palmer ND, et al. Genetic diversity and population structure of *Pisum sativum* accessions for marker-trait association of lipid content[J]. The Crop Journal, 2015,3(3):238-245.

[256] 宋静静，张林，倪红梅，等. 桑树核心种质的关联分析[J]. 江苏农业科学，2015,43(12):279-284.

[257] Kim OG, Sa KJ, Lee JR, et al. Genetic analysis of maize germplasm in the Korean genebank and association with agronomic traits and simple sequence repeat markers[J]. Genes & Genomics, 2017,39(8):843-853.

[258] Zhang Z, Ersoz E, Lai CQ, et al. Mixed linear model approach adapted for genome-wide association studies[J]. Nature Genetics, 2010, 42(4):355.

[259] Vincent S, Vilhjálmsson BJ, Alexander P, et al. An efficient multi-locus mixed model approach for genome-wide association studies in structured populations[J]. Nature Genetics, 2012,44(7):825-830.

[260] Bohra A, Jha R, Pandey G, et al. New hypervariable SSR markers for diversity

analysis, hybrid purity testing and trait mapping in pigeonpea [*Cajanus cajan* (L.) Millspaugh][J]. Frontiers in Plant Science, 2017,8:377.

[261] Ozturk SC, Ozturk SE, Celik I, et al. Molecular genetic diversity and association mapping of nut and kernel traits in Slovenian hazelnut (*Corylus avellana*) germplasm[J]. Tree Genetics & Genomes, 2017,13: 16.